Die Thermodynamik
der
Dampfmaschinen.

Von

Fritz Krauss,
Ingenieur, behördlich autorisierter Inspektor der Dampfkessel-Untersuchungs-
und Versicherungs-Gesellschaft in Wien.

Mit 17 in den Text gedruckten Figuren.

Springer-Verlag Berlin Heidelberg GmbH 1907

Alle Rechte, insbesondere das der Übersetzung
in fremde Sprachen, vorbehalten.

ISBN 978-3-662-32270-3   ISBN 978-3-662-33097-5 (eBook)
DOI 10.1007/978-3-662-33097-5

Universitäts-Buchdruckerei von Gustav Schade (Otto Francke) in Berlin.

Vorwort.

„*Doch ein Begriff muſs bei dem Worte sein.*"

Die Thermodynamik beruht auf zwei Hauptsätzen, die man kurz „Satz von der Energie" und „Satz von der Entropie" benennen kann. Die beiden Namen sind heutzutage Schlagworte, deren sich viele im sprachlichen Gedankenausdruck gleichwie der Scheidemünzen im Geldverkehr bedienen. Während aber der Wert der Scheidemünzen sehr genau bekannt ist, schwankt die Bedeutung der Begriffe, welche die Schlagworte kennzeichnen sollen, in unsicheren Grenzen hin und her. Von dieser Tatsache kann sich jeder überzeugen, der sich die Mühe nimmt, etwa ein Dutzend der gangbaren Handbücher über Wärmelehre durchzublättern und dabei festzustellen, in welcher Bedeutung die verschiedenen Autoren die Worte „Energie" und „Entropie" verstanden haben wollen, und an welche Definitionen ihre Erläuterungen geknüpft sind.

Die Bequemlichkeit vieler Autoren, sich bei ihren Auseinandersetzungen mit Vorliebe der mathematischen Formelsprache zu bedienen, hat es dahin gebracht, daß oft mathematische Symbole allein, die doch nur Größen,

d. h. Maße eines Dinges oder einer Vorstellung, sein können, für das Ding oder die Vorstellung selbst gesetzt werden, was dem zu vergleichen ist, daß jemand die Maßzahl der Höhe eines Turmes mit dem Begriff der Höhe selbst verwechselte. In den mathematischen Formeln stehen die Buchstaben an der Stelle von Zahlen, nicht aber an der Stelle von anderen Begriffen. Die Buchstaben Q, T, p in den Formeln bedeuten daher nicht Wärmemengen, Temperaturen und Spannungen, wie man sich der Kürze wegen häufig ausdrückt, sondern nur Zahlen, deren Größe von den ganz willkürlich gewählten Skalen und Maßstäben abhängig ist, die man angewendet hat. Mit Zahlen kann man nun operieren, wie man will, das Resultat ist immer wieder eine Zahl. Einer solchen Zahl einen besonderen Namen zu geben, hat keinen Sinn und führt nur zur irrtümlichen Auffassung der Buchstaben als Symbole von Begriffen, während sie doch nur mathematische Größen, das sind Zahlen, vertreten. Deshalb ist es ein vergebliches Bemühen, das Wesen von Begriffen, die mehr als Zahlbegriffe sind, auf rechnerischem Wege mitzuteilen.

Dem Worte „Energie" kommt eine allgemeine und eine besondere Bedeutung zu. Die allgemeine Bedeutung wird vielleicht durch folgende Umschreibung der Vorstellungskraft einigermaßen nähergerückt: Energie heißt das bei allen Veränderungen Wirksame. Die besondere Bedeutung ist etwa in dem Worte „Arbeitsfähigkeit" ausgedrückt. Ob diese Interpretationen den Begriff der

Vorwort.

Energie ganz scharf darstellen, mag dahingestellt bleiben, immerhin bringen sie es zuwege, daß man sich darunter etwas denken kann.

Eine ähnliche beiläufige Vorstellung von dem, was mit „Entropie" gemeint ist, hervorzurufen, ist bei weitem schwieriger und sei hier an der Hand eines Gleichnisses versucht. Eine Anzahl kräftiger Arbeiter repräsentiert eine bestimmte Arbeitskraft oder Arbeitsfähigkeit, die bis zur gänzlichen Erschöpfung der Arbeiter verbraucht werden kann. Sind diese Arbeiter eines Sinnes und bemühen sie sich etwa mit vereinten Kräften, eine Last bergauf zu fördern, so kann die schließlich geleistete Arbeit von beträchtlicher Größe sein. Herrscht aber Uneinigkeit unter den Arbeitern, von denen einige die Last bergauf, andere bergab, die dritten nach rechts, die vierten nach links usw. zu befördern im Sinne haben, so wird die tatsächlich verrichtete Arbeit schließlich, wenn alle Arbeiter ihre Kräfte bis zur Erschöpfung ausgegeben haben, doch nur von geringer Größe sein. Die Uneinigkeit entwertet daher die Kräfte der Arbeiter oder ihre Arbeitsfähigkeit, ohne diese selbst zu vermindern. Man kann die Ausdehnung, bis zu welcher die Uneinigkeit der Arbeiter in einem bestimmten Stadium der Arbeit gediehen ist, den Entwertungsfaktor oder, wenn man will, die Entropie der Arbeitermasse nennen. Bei aller Unvollkommenheit dieses Gleichnisses, entwirft es doch eine beiläufige Vorstellung von dem Wesen des fraglichen Begriffes. Soviel wird wenigstens daraus zu entnehmen sein, daß die Entropie etwas anderes als nur ein Resultat von Rechnungsoperationen ist. Die kleine Schrift, in welcher ich vor 10 Jahren die Konstruktion der Wärmediagramme zu erläutern versuchte[1]), enthält eine sehr unvollkommene und unbeholfene Erklärung, die sich von den überlieferten Vorstellungen nicht befreien konnte. Da aber die Konstruktionsmethoden der Wärmediagramme von den Vorstellungen über die Bedeutung der Koordinaten unabhängig sind, ist die undeutliche Fassung des Begriffes Entropie für die dort enthaltenen Ausführungen fast gegenstandslos.

Die vorliegende Arbeit ruht auf einer breiteren Basis. Die Verfahren zur Konstruktion von Temperatur-Entropie-Diagrammen, insbesondere die schöne Boulvinsche Methode sind heute allgemein bekannt und mit Hilfe der praktischen Dampftafeln von Mollier leicht zu beherrschen. Hingegen ist die thermodynamische Bedeutung der Wärmediagramme in der technischen Literatur wenig gewürdigt worden, weil die nur mathematisch definierten Größen das Wesen der Begriffe nicht erschöpfen. Deshalb ist der Verfasser der vorliegenden Schrift bemüht gewesen, den Gedankengang der Betrachtungen so gut, als es ihm möglich war, zuerst in Worten mitzuteilen und die Begriffe in Worten zu definieren, bevor der Zusammenhang der Größen durch Formeln ausgedrückt wird. Das in

---

[1]) Krauss, Kalorimetrie der Dampfmaschinen. Berlin 1897.

Ziffern ausgerechnete Beispiel, das die Formeln zur Illustration begleitet, soll nebenbei vor Augen führen, daß die Buchstaben in den Formeln Zahlen und nichts als Zahlen vertreten.

Die Gedanken, die dieser Schrift zugrunde liegen, verdanken ihren Ursprung zum großen Teil einer im Jahre 1903 in der Londoner Zeitschrift „The Electrician" veröffentlichten Diskussion, woran sich die bekannten Physiker Oliver Lodge, Planck, Poincaré u. a. beteiligten, nachdem der damalige Präsident der Institution of Electrical Engineers Herr James Swinburne in einer Rede auf die vorhandenen Divergenzen und Irrtümer in der Auffassung des Begriffes Entropie hingewiesen hatte.

Da mit der Beurteilung des Arbeitsprozesses von Dampfturbinen das Temperatur-Entropie-Diagramm zu häufiger Anwendung gebracht wird, schien mir das Unternehmen nicht ganz wertlos zu sein, an dem gewählten Beispiel einer Dampfmaschinenanlage zu zeigen, auf welche Weise sich der Erfahrungssatz vom Zuwachs der Entropie bei der Betrachtung des Arbeitsprozesses in dessen aufeinanderfolgenden Stadien darstellt.

Wien, im Februar 1907.

Der Verfasser.

Inhaltsverzeichnis.

Erstes Kapitel.
Die Energie. — Der Wirkungsgrad. — Die absolute Temperatur. — Der Verbrennungsvorgang. — Das Wärmemengendiagramm. .... 1— 15

Zweites Kapitel.
Die Entropie. .... 16— 29

Drittes Kapitel.
Die Entropie (Fortsetzung). .... 30— 41

Viertes Kapitel.
Der Verbrennungsverlust. .... 41— 52

Fünftes Kapitel.
Der Heizungsverlust. — Der Essengasverlust. ...... 53— 62

Sechstes Kapitel.
Der Speisungsverlust. — Der Speisungsaufwand. — Der thermodynamische Wirkungsgrad der Kesselanlage. ... 63— 74

Siebentes Kapitel.
Die graphische Dampftafel. — Der Drosselverlust. — Der Reibungsverlust. .... 75— 84

Achtes Kapitel.
Der Initialverlust. — Der Rückströmungsverlust. ...... 85— 96

Neuntes Kapitel.
Der Expansionsverlust. — Der Abkühlungsverlust. — Der Kondensationsverlust. — Der Abwärmeverlust. .... 97—112

Zehntes Kapitel.
Die Gesamtarbeitsverluste. — Die vorteilhafteste Temperatur des Kesselinhalts. .... 113—125

Elftes Kapitel.
Mehrstoff-Dampfmaschinen. — Speisewasservorwärmer. — Dampfüberhitzer. .... 126—133

Zwölftes Kapitel.
Die Heizung der Zylinderwände. — Die Dampfturbinen. — Der Rateausche Wärmespeicher. — Abwärme-Kraftmaschinen. .... 134—142

Namen- und Sachregister .... 143—144

Erstes Kapitel.

Die Energie. — Der Wirkungsgrad. — Die absolute Temperatur. — Der Verbrennungsvorgang. — Das Wärmemengendiagramm.

Zu einer Dampfmaschinenanlage im weiteren Sinne gehören: der Dampfkessel mit seiner Feuerung und Speisevorrichtung, die Dampfleitung und die eigentliche Dampfmaschine mit Kondensator und Luftpumpe. Bei Dampfmaschinen, welche ohne Kondensation arbeiten, fallen Kondensator und Luftpumpe weg, der Auspuffdampf strömt in die Atmosphäre. Man kann das Gebäude, welches eine Dampfmaschinenanlage enthält, als einen Kasten ansehen, worin die Stoffe, an einer Seite in den Kasten hineingegeben, vollkommen automatisch und selbsttätig verarbeitet werden und in veränderter Form, Art und Eigenschaft an einer anderen Seite des Kastens wieder herauskommen. Umschließt ein solcher Kasten etwa eine Auspuff-Dampfmaschinenanlage, so wären an der einen Seite des Kastens ein Fülltrichter für die Kohle, ein Lufteinströmrohr und ein Wasserzuflußrohr vorhanden, an der anderen Seite wären ein Abfallrohr für Asche und Schlacke, ein Kaminrohr für den Abzug von Verbrennungsgasen, ein Abdampfrohr und ein Abflußrohr für Kondensationswasser vorhanden. Außerdem könnte mittels eines aus dem Kasten herausreichenden Seil- oder Riementriebes nützliche mechanische Arbeit außerhalb des Kastens verrichtet werden. Durch die Füll- und Abflußrohre steht das Innere des Kastens mit der äußeren Atmosphäre der Umgebung in Verbindung.

Wendet man nun den Satz von der Erhaltung der Energie auf das hier betrachtete System an, so kommt man zu dem Schlusse, daß die Größe der außerhalb des Kastens geleisteten nützlichen mechanischen Arbeit gleich der Differenz ist, welche zwischen dem summarischen Energiewert der zugeführten Stoffe und dem summarischen Energiewert der abgeführten Stoffe besteht. Je größer diese Differenz ist, desto größer ist die mechanische Arbeitsleistung. Da nun die Differenz um so größer ist, je kleiner der Subtrahend wird, so müßte es bei gegebenem Energiewert der zugeführten Stoffe nur darauf ankommen, den Energiewert der abgeführten Stoffe möglicht klein zu machen, um das Maximum an mechanischer Arbeitsleistung zu erzielen.

Die Größe der Energie eines Körpers oder eines Körpersystems in einem gegebenen Zustande ist die algebraische Summe der mechanischen Arbeiten oder der ihrer Äquivalente, welche beim Übergange des Körpers oder Systems aus dem gegebenen Zustande in einen willkürlich gewählten Normalzustand gewonnen werden. Dieser Definition zufolge ist es unmöglich, einen absoluten Wert der Energie eines oder mehrerer Körper ziffermäßig in Kalorien oder Arbeitseinheiten anzugeben; es ist vielmehr bei allen Rechnungen, die Energiewerte betreffen, zu berücksichtigen, daß diese Werte nur mit Hinsicht auf einen willkürlich gewählten Normalzustand Gültigkeit und Sinn haben. Die Differenz der Energiewerte für zwei Zustände eines und desselben Körpers oder Körpersystems ist hingegen

Die Energie. 3

von der Wahl des Normalzustandes unabhängig. Handelt es sich darum, den Energiewert der unverbrannten Kohle und der Verbrennungsluft festzustellen, so könnte man als Normalzustand den Zustand der Verbrennungsprodukte bei der Temperatur der Umgebung und unter atmosphärischem Druck stehend betrachten. Man hat alsdann nur nötig, die Verbrennung einer Kohlenprobe vorzunehmen und genau zu beobachten, wieviel Wärme und mechanische Arbeit zugeführt oder abgeführt werden müssen, damit der als Normalzustand gewählte Zustand der Verbrennungsprodukte erreicht wird. Die algebraische Summe der erhobenen Wärme- und Arbeitsmengen, in äquivalentem Maß berechnet, gibt den gesuchten Energiewert. Der so ermittelte Energiewert heißt in der Praxis der (obere) Heizwert des Brennstoffes.[1])

Ebenso kann man zur Bestimmung der Energiewerte von Speisewasser, Abdampf- und Kondensationswasser zweckmäßig Wasser von der Temperatur der Umgebung als Normalzustand der angeführten Stoffe betrachten und hienach die Energiewerte ermitteln.

---

[1]) Man unterscheidet einen oberen und einen unteren Heizwert. Bei der Abkühlung der Verbrennungsprodukte auf 20° findet durch die Kondensation der in den Verbrennungsprodukten enthaltenen Wasserdämpfe eine Wärmeabgabe statt, die in der Praxis, wo die Verbrennungsprodukte gasförmig bei hohen Temperaturen entweichen, nicht nutzbar gemacht werden kann. Dieser Erwägung entsprechend bringt man von dem auf die oben angegebene Weise ermittelten Heizwert noch die Verdampfungswärme des entstandenen Kondensates in Abzug und erhält den unteren Heizwert als Resultat. Streng genommen wäre es richtiger, in den Wärmebilanzen mit dem oberen Heizwert zu rechnen, anstatt, wie dies fast allgemein üblich ist, den unteren Heizwert zugrunde zu legen.

Bei einer Kondensationsmaschinenanlage hätte man noch die Energiewerte des zugeführten Kühlwassers und des abgeführten Luftpumpenauswurfes in Rechnung zu stellen. Auf diese Art kann man für jede Dampfmaschinenanlage eine Wärme- oder Energiebilanz aufstellen, einen eigentlichen Wirkungsgrad jedoch nicht berechnen. Denn als Wirkungsgrad könnte man nur den Quotienten aus dem Energiewerte der zugeführten Stoffe in die nutzbar gewonnene mechanische Arbeit ansehen. Der Energiewert der zugeführten Stoffe ist aber durch die Wahl des Normalzustandes bestimmt, und, da diese Wahl ganz willkürlich geschehen kann, ist der Energiewert selbst der Willkür unterworfen. Auf dieser Grundlage ließe sich also für eine gegebene Anlage ein Wirkungsgrad angeben, der ganz nach Belieben größer oder kleiner als Eins oder gleich Eins wäre. Das letztere Resultat erhielte man, wenn man als Normalzustände der in Betracht kommenden Körper die Zustände so, wie die Körper den Kasten verlassen, ansähe.

Nun ist aber doch wohl zu bedenken, daß für die Größe der mittels einer Maschinenanlage aus einer gegebenen Menge von Brennstoffen und anderem Materiale erzielbaren nutzbaren mechanischen Arbeit ein Maximum bestehen muß, welches unter den vorhandenen Verhältnissen niemals überschritten werden kann. Nimmt man nun an, dieses Maximum sei bekannt und habe ziffermäßig den Wert A, so kann man, da der ziffermäßige Wert der Energie der zugeführten Stoffe je nach der Wahl des Normalzustandes jede beliebige Größe erhalten kann, die Normalzustände so wählen, daß der Energiewert der zugeführten Stoffe auch genau gleich A wird. Dann kann für jeden einzelnen vor-

Der Wirkungsgrad.

liegenden Fall ein Wirkungsgrad der Anlage berechnet werden, welcher angibt, wieviel von der mit den gegebenen Stoffen überhaupt erzielbaren mechanischen Arbeit in dem besonderen Falle tatsächlich erzielt wird. Dieser Wirkungsgrad ist, wie früher, der Quotient aus dem Energiewerte der zugeführten Stoffe in die Größe der tatsächlich erzielten nutzbaren mechanischen Arbeit.

Carnot hat gezeigt, daß das Maximum an mechanischer Arbeit, welches mit einer vollkommenen verlustlosen Maschine aus einer Wärmemenge Q gewonnen werden kann, nur von den Temperaturen abhängig ist, bei welchen der Maschine Wärme zu- oder abgeführt werden kann[1]). Dabei ist es Bedingung, daß die

---

[1]) Es ist hier wichtig zu bemerken, daß sich der Carnotsche Satz auf die Produktion mechanischer Arbeit mittels einer Maschine bezieht. Hie und da begegnet man der mißverständlichen Auffassung, daß es gemäß des Carnotschen Satzes auch bei Vernachlässigung von Reibungsverlusten etc. unmöglich sei, eine gegebene Wärmemenge ganz in mechanische Arbeit zu verwandeln. Diese Auffassung ist aber unrichtig. Bei der umkehrbaren isothermischen Expansion eines vollkommenen Gases wird die dem Gase zugeführte Wärmemenge ganz in mechanische Arbeit verwandelt, und man kann sich je nach der Vollkommenheit der angewendeten Mittel diesem Arbeitsprozeß beliebig nähern. Die kontinuierliche Ausbeutung eines solchen Prozesses zur Verwandlung von Wärme in mechanische Arbeit ist aber unmöglich, weil sich das Arbeitsmittel, trotzdem es keine Einbuße an Energie erleidet, während der fortschreitenden Zustandsänderung immer mehr und mehr ins Gleichgewicht mit den aus der Umgebung wirksamen Kräften setzt. Daher ist die kontinuierliche Verwandlung von Wärme in mechanische Arbeit an den Betrieb einer periodisch wirkenden Maschine geknüpft, deren Glieder periodisch immer wieder dieselben Zustände durchlaufen.

Wärmezufuhr bei der konstanten höchstmöglichen Temperatur und die Wärmeabfuhr bei der konstanten tiefstmöglichen Temperatur stattfinde, ferner daß innerhalb der Maschine kein Wärmeaustausch der einzelnen Teile und Stoffe durch Leitung und Strahlung stattfinde, und alle Bewegungen so langsam erfolgen, daß keine Massenwirkungen auftreten. Es ist also eine ideale reibungslose Maschine gedacht, deren Zustände in jeder Phase als Gleichgewichtszustände betrachtet werden können.

Bei einer solchen Maschine wird das Verhältnis der gewonnenen mechanischen Arbeit A zur Wärmemenge Q für eine gegebene Temperatur, bei der die Wärmemenge von der Maschine aufgenommen wird, der Differenz der Temperaturen $(t-t_1)$, bei denen Wärmezufuhr und Wärmeabfuhr vor sich gehen, direkt proportional:

$$\frac{A}{Q} = c\,(t-t_1).$$

c ist eine nur von der Temperatur t abhängige Größe und somit für eine bestimmte Temperatur der Wärmezufuhr eine Konstante.

Die erzielbare mechanische Arbeit wird demnach bei gegebener Wärmemenge und gegebener oberer Temperaturgrenze um so größer sein, je niedriger die Temperatur ist, bei welcher die Wärmeabfuhr stattfinden kann.

Man kann sich nun vorstellen, daß man die Maschine und die Wärmequelle konstanter Temperatur in immer kältere und kältere Zonen transportiert, so daß man die Wärmeabfuhr bei immer niedrigerer Temperatur vornehmen kann, wodurch immer mehr und mehr mechanische Arbeit produziert werden könnte. Das Maximum wäre erreicht, wenn die gewonnene mechanische Arbeit gleich dem mechanischen Äquivalent der zugeführten Wärme wäre. Die Temperatur, bei welcher alsdann die Wärmeabfuhr stattfinden müßte, wäre demnach die niedrigste Temperatur, deren Vorstellung noch einen Sinn hätte. Zählt man nun die Temperaturen von dieser untersten Grenze als absoluten Nullpunkt, so ist jede Temperatur zugleich ein Maß der mechanischen Arbeit, welche mittels einer Carnotschen Maschine aus einer ihr bei dieser Temperatur zugeführten Wärmemenge gewonnen werden könnte, wenn die Wärmeabfuhr bei der Temperatur des absoluten Nullpunktes stattfinden könnte. Der obige Ausdruck erhält nun die Form:

$$\frac{A}{Q} = c\,(T-T_1),$$

wobei T und T_1 von dem wie vorstehend definierten absoluten Nullpunkt zu zählen sind. Für irgend eine Temperatur T der Wärmezufuhr muß $A = Q$ werden, wenn $T_1 = 0$ wird. Daraus ergibt sich $T = \frac{1}{c}$. Thomson und Joule bestimmten experimentell aus Überströmungsversuchen mit Gasen den Wert von c zu $c = \frac{1}{273{,}7+t}$. Der absolute Nullpunkt der thermodynamischen Temperaturskala und diese selbst stimmen nahezu mit dem Nullpunkte und der Skala des Luftthermometers überein.

Der Ausdruck $\frac{A}{Q} = \frac{T-T_1}{T} = \eta$ kann als der thermodynamische Wirkungsgrad einer vollkommenen, verlustlosen Carnotschen Maschine gelten, welcher die

Wärme bei einer Temperatur T zufließt und bei einer Temperatur T_1 wieder abgeführt wird. Die zugeführte Wärmemenge Q steht zur abgeführten Wärmemenge Q_1 in dem Verhältnis:

$$\frac{Q}{Q_1} = \frac{T}{T_1}.$$

Bei Dampfmaschinenanlagen ist als die niedrigste Temperatur, bei welcher aus der Maschine Wärme abgeführt werden kann, die Temperatur der äußeren Atmosphäre oder etwa die Temperatur des Kühlwassers der Kondensationseinrichtung anzusehen. Bis zu diesen unteren Temperaturgrenzen können in der Praxis die Arbeitsmittel in den Maschinen nicht abgekühlt werden, was sehr bedeutende Effektverluste nach sich zieht, deren Vermeidung aber mit einem unverhältnismäßigen Aufwande an Einrichtungskosten verbunden wäre.

Einem unmittelbaren Vergleiche des Arbeitsprozesses einer Dampfmaschinenanlage mit dem Idealfalle der Carnotschen verlustlosen Maschine steht der Umstand im Wege, daß bei einer Dampfmaschinenanlage im weiteren Sinne, wie sie dieser Betrachtung zugrunde liegt, eine Zufuhr von Wärmemengen als solchen überhaupt nicht stattfindet. Mit dem Brennstoffe, der Verbrennungsluft, dem Speisewasser und dem Kühlwasser wird im Gegenteile viel weniger Wärme in die Anlage hineingebracht, als mit den Essengasen, dem Abdampf, dem Kondensationswasser usw. aus der Anlage entweicht. In den Kasten, der unsere Anlage umschließt, werden kalte Stoffe eingeführt, während heiße Stoffe aus dem Kasten hervorkommen und ihre Wärme in die Umgebung zerstreuen. Als idealen Grenzfall hätte man es anzusehen, daß die ein- und austretenden Stoffe und die Umgebung

Der Verbrennungsvorgang.

von einerlei Temperatur wären. Dieser Grenzfall wäre bei folgendem Arbeitsvorgange im Inneren des Kastens erreicht. Kohle, Verbrennungsluft, Speisewasser und Kühlwasser, treten kalt in den Kasten. Die Verbrennung der Kohle bewirkt die Erwärmung der Verbrennungsprodukte, diese geben die Wärme an das Speisewasser ab und kühlen sich dabei bis auf dessen ursprüngliche Temperatur ab, wonach sie durch das Kaminrohr und den Aschenfall aus dem Kasten entweichen. Das Speisewasser wird durch die von den Verbrennungsprodukten aufgenommene Wärme erwärmt und verdampft, wirkt als Dampf arbeitsverrichtend auf einen Kolben oder ein Turbinenrad, wird hierauf im Kondensator durch das Kühlwasser niedergeschlagen und tritt mit diesem vermischt als kaltes Kondensat aus dem Kasten. Die Menge des Kühlwassers ist dabei relativ so groß anzunehmen, daß durch die Kondensation des Abdampfes keine erhebliche Erwärmung des Kühlwassers eintritt.

Je nach dem Verhältnisse der in Wechselwirkung tretenden Stoffmengen und der Möglichkeiten ihres Wärmeaustausches kann das als Wirkungsgrad des Prozesses bezeichnete zweckmäßige Maß der Güte des geschilderten Arbeitsvorganges sehr verschieden ausfallen.

Auf dem Roste unserer Dampfkessel findet die Verbrennung der Kohle in der im Überschuß zugeführten Verbrennungsluft bei konstantem Drucke statt, der von dem der äußeren Atmosphäre nur um so viel abweicht, daß der Zutritt der Verbrennungsluft stattfinden kann. Dabei erwärmen sich die kontinuierlich oder in mehr oder weniger regelmäßigen Intervallen zugeführten Brennstoff- und Luftmengen zunächst auf die Entzündungstemperatur der Kohle, wobei die Wärme von den schon in Verbrennung befindlichen Brennstoffmengen und deren heißen Verbrennungsprodukten durch Leitung und Strahlung auf die hinzutretenden kalten Brennstoff- und Luftmengen übertragen wird. Dabei findet also ein Übergang von Wärmemengen höherer Temperatur zu Wärme niederer Temperatur statt. Im weiteren Verlaufe, wenn die auf die Entzündungstemperatur erwärmte Kohle die Verbrennung selbst begonnen hat, wobei neue Wärmemengen aus der chemischen Energie der Konstellation Kohlenstoff und Sauerstoff entwickelt werden, dienen diese Wärmemengen dazu, die Temperatur der eigenen Verbrennungsprodukte zu erhöhen und inzwischen neu hinzugebrachte kalte Brennstoffmengen auf die Entzündungstemperatur zu erwärmen. Es wird also die von jedem Kohlenpartikel zur Erwärmung auf die Entzündungstemperatur von anderen Kohlenpartikeln bezogene Wärmemenge späterhin wieder abgegeben, so daß diese Beträge für die Ermittelung der schließlichen Temperatur der Verbrennungsprodukte aus der Rechnung fallen.

Der Heizwert eines Brennstoffes ist nach der oben gegebenen Erklärung als unveränderlicher Wert anzusehen, unter welchen Umständen immer die vollkommene Verbrennung stattfindet. Bei der Bestimmung des Heizwertes in der kalorimetrischen Bombe findet die Verbrennung bei konstantem Volumen statt; die Temperatur der Verbrennungsprodukte wird dadurch allerdings temporär viel höher als bei der Verbrennung unter konstantem Druck, die Wärmemenge aber, welche dem Kalorimeter entzogen werden muß, um die Temperaturverhältnisse, so wie sie vor der Verbrennung vorlagen, wieder herbei-

Das Wärmemengendiagramm.

zuführen, ist genau so groß, als jene wäre, welche nach der Verbrennung unter konstantem Drucke den Verbrennungsprodukten entzogen werden müßte, um die Anfangszustände der Temperatur und des Volumens wiederherzustellen. Da das Gewicht des Brennstoffes, vermehrt um das der Verbrennungsluft, dem Gewichte der Verbrennungsprodukte gleich ist, so kann man sich die Verbrennungsvorgänge etwa so vorstellen, als ob dieser durch ihr Gewicht definierten Masse die durch den chemischen Prozeß entwickelte Wärme zugeführt werde. Man kann nun für die ins Spiel kommende Wärmemenge in einem rechtwinkeligen Koordinatensysteme Punkte einzeichnen, welche die Temperaturen der Körper zu Ordinaten und die Quotienten $\frac{Q}{T}$, aufgenommene Wärmemenge durch Temperatur, zu Abszissen haben. In der technischen Literatur werden solche Quotienten aus Wärmemenge durch Temperatur mitunter Wärmegewicht genannt; keinesfalls darf ein solcher Quotient mit Entropie verwechselt werden. Für die folgenden Untersuchungen ist es überflüssig, dem Quotienten einen besonderen Namen zu geben; es genügt, zu wissen, daß das Produkt von Abszisse und Ordinate oder das von den Achsen und von den Projektionslinien eines Punktes eingeschlossene Rechteck das Maß einer Wärmemenge ist. Die Länge der Abszisse wird dann mitunter ein Maß der Wärmekapazität eines Körpers sein. Das Diagramm selbst heißt Wärmemengendiagramm. Es gilt für Wärmemengen zum Unterschiede vom Entropiediagramm, welches für die Zustände eines Körpers gilt.

Die Bezeichnung Wärmemengendiagramm soll ausdrücken, daß die hier gewählte graphische Darstellung die Veränderungen der Bestimmungsgrößen von Wärmemengen angibt, wobei die Träger der Wärme ganz außer Betracht bleiben. Die Wärme spielt nämlich bei manchen

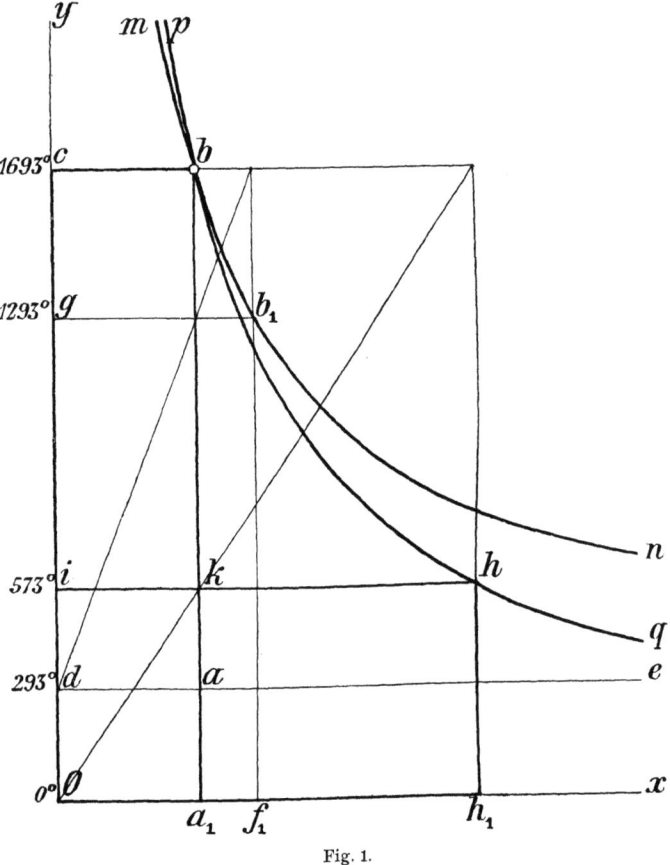

Fig. 1.

Vorgängen, insbesondere bei reinen Leitungsvorgängen, vollkommen die Rolle eines Stoffes, so zwar, daß, wenn eine Wärmemenge an irgend einer Stelle verschwindet, die dort verschwundene Wärmemenge an einer anderen

Das Wärmemengendiagramm. 13

Stelle wieder als gleich große Wärmemenge zum Vorschein kommt. Wenn ein Kilogramm Kohle von 7000 Kalorien Heizwert bei atmosphärischem Druck verbrannt wird, wobei die Luftzufuhr so bemessen ist, daß die Wärmekapazität[1]) der Verbrennungsprodukte $= 5$ wird, so erreicht die Temperatur der Verbrennungsprodukte, wenn die Temperatur der zuströmenden Luft 20^0 war, die Höhe von 1420^0. Die absolute Temperatur der Verbrennungsprodukte ist daher $1420 + 273 = 1693^0$.

Im Wärmemengendiagramm Fig. 1 entspricht der Punkt a den Verhältnissen vor der Verbrennung. Die Temperatur der Kohle und der Luft ist 20^0 oder 293^0 absolut, im Diagramm als Länge der Ordinate $a a_1$ ersichtlich. Die Abszisse $O a_1$ ist hier als Maß der Wärmekapazität $= 5$ Längeneinheiten. In dem Maße, als die Kohle verbrennt, steigt die Temperatur bis zu 1693^0 absolut. Im Diagramm ist ab die Linie der Wärmeentwicklung. Das Rechteck $abcd$ stellt die durch die Verbrennung entwickelte Wärmemenge oder den Heizwert des Brennstoffes, im angenommenen Falle 7000 Kalorien, vor. Das Rechteck $O c b a_1$ stellt die Wärmemenge vor, welche den Verbrennungsprodukten entzogen werden müßte, wenn sie bei konstantem Drucke bis auf den

---

[1]) Unter Wärmekapazität ist hier immer das Produkt aus den Maßzahlen des Gewichtes und der spezifischen Wärme des betrachteten Körpers verstanden. Man kann die Wärmekapazität auch das auf Wasser reduzierte Gewicht des Körpers nennen, weil, praktisch genommen, zur Erwärmung des Körpers um eine bestimmte Anzahl Thermometergrade eine ebenso große Wärmemenge erforderlich ist, als zur Erwärmung eines Wasserkörpers vom reduzierten Gewicht.

14 Erstes Kapitel.

absoluten Nullpunkt abgekühlt werden sollten. Der geometrische Ort für den Punkt b bei beliebiger anderer Wärmekapazität der Verbrennungsprodukte, also für größeren oder kleineren Luftüberschuß, liegt in der Hyperbel mn, für welche die Ordinatenachse Oy und die Linie de Asymptoten sind. Der Punkt b_1 zum Beispiel entspricht einer Verbrennungstemperatur von $1293^0 = Og$, die bei einer Wärmekapazität $Of_1 = 7$ erreicht wird. Jedem Punkte der Hyperbel mn entspricht eine andere totale Wärmemenge, die den Verbrennungsprodukten bei konstantem Drucke entzogen werden müßte, um sie bis zur Temperatur des absoluten Nullpunktes abzukühlen. Denn die ganze in Betracht kommende Wärmemenge ist der Heizwert des Brennstoffes, vermehrt um die Wärmemenge, welche die Verbrennungsprodukte noch abgeben können, wenn sie von der Temperatur der Umgebung, aus der ihre Bestandteile ursprünglich entnommen waren, bis auf die Temperatur des absoluten Nullpunktes abgekühlt werden. Diese Wärmemenge ist aber um so größer, je größer die Wärmekapazität der Verbrennungsprodukte ist. Auf die Veränderlichkeit der spezifischen Wärme mit der Temperatur der Verbrennungsprodukte ist hier vorläufig keine Rücksicht genommen.

Eine Hyperbel, für welche das Achsensystem yOx die Asymptoten bildet, wie z. B. die durch den Punkt b gelegte Hyperbel pq, ist der geometrische Ort für Punkte, welche gleich großen Wärmemengen entsprechen; denn die Flächeninhalte der aus Abszisse und Ordinate eines Punktes gebildeten Rechtecke sind einander gleich.

An der Hyperbel pq können die Vorgänge der durch Leitung und Strahlung geschehenden Wärme-

Das Wärmemengendiagramm. 15

übertragung anschaulich gemacht werden. Kühlen sich beispielsweise die Verbrennungsprodukte, deren Temperatur 1693° beträgt, indem sie an der Oberfläche eines kalten Körpers entlang streichen, bis zu einer Temperatur von etwa 573° bei konstantem Drucke ab, so wird diese Abkühlung in der Fig. 1 durch die Strecke bk gekennzeichnet. Die Gase haben dabei eine Wärmemenge entsprechend der Fläche $icbk$ abgegeben; die Wärmemenge, die sie unter gleichen Umständen bis zu ihrer Abkühlung auf die Temperatur des absoluten Nullpunktes nunmehr noch abgeben könnten, stellt die Fläche $Oika_1$ dar; die von dem kalten Körper aufgenommene Wärmemenge wird durch das Rechteck a_1khh_1 dargestellt, welches denselben Flächeninhalt wie das Rechteck $icbk$ hat.

Nehmen wir nun an, daß die Verbrennungsprodukte mit der Temperatur von 573° absolut aus dem Kasten, der die Maschinenanlage umschließt, abströmen, dann bleibt von der durch den Brennstoff entwickelten Wärmemenge nur der Betrag, welcher der Fläche a_1khh_1 entspricht, in der Maschine zur weiteren Verwertung zurück.

Zweites Kapitel.
Die Entropie.

Die Vorgänge, wie sie eben am Wärmemengendiagramme erläutert worden sind, können auch in einem Temperatur - Entropie - Diagramme betrachtet werden. Für den Begriff der Entropie sind mancherlei Definitionen versucht worden, von denen viele die Eigentümlichkeit haben, vollkommen unverständlich zu sein. Die verständlichen Definitionen sind hingegen zum großen Teile unrichtig [1]. Der Zustand eines Körpers, welcher nach allen Richtungen hin dieselben Eigenschaften hat, also isotrop ist, ist im allgemeinen durch die Angabe seines Gewichtes und zweier Zustandskennzeichen vollkommen bestimmt [2]. Solche Zustandskennzeichen sind Druck, Volumen, Temperatur, Energie und Entropie.

---

[1] Insbesondere ist es ein weitverbreiteter Irrtum, daß die Entropie eines Körpers eine Funktion der dem Körper zugeführten oder in ihm enthaltenen Wärmemenge ist. Einige Autoren definieren die Entropie als Faktor der Wärmeenergie, was ebenfalls unzutreffend ist. Wer sich für diesen Gegenstand besonders interessiert, findet in der geist- und gehaltreichen Schrift von J. Swinburne, Entropy or Thermodynamics from an engineers' standpoint, London 1905, eine ausführliche und originelle Darstellung der physikalischen Bedeutung der Entropie.

[2] Bei nicht homogenen Systemen sind außerdem noch Angaben über die chemische Natur und den Aggregatzustand der

Die Entropie.

Dieser Anschauung zufolge ist die Entropie ein Zustandskennzeichen eines Körpers, das, mit irgend einem anderen zusammengenommen, den Zustand eines Körpers genau definiert.

Allerdings kann die Entropie nicht so wie Druck, Volumen und Temperatur mit Maßstäben und Instrumenten am Körper direkt gemessen werden; aber auch die Energie eines Körpers kann an diesem nicht unmittelbar gemessen werden, die Bestimmung ihrer Größe setzt zunächst die Wahl eines Normalzustandes des Körpers voraus, wonach aus den augenblicklichen Werten des Druckes und des Volumens oder der Temperatur der Energiewert berechnet werden kann. Ebenso verhält es sich mit der Bestimmung der Größe der Entropie: hat man den Normalzustand gewählt, so ist der Wert der Entropie für irgend einen anderen bestimmten Zustand des Körpers eine ziffermäßig genau berechenbare Größe.

Der Umstand, daß man über keine zweckmäßigen Instrumente verfügt, um Energie und Entropie eines Körpers unmittelbar an diesen selbst zu messen, ändert nichts an der Wesenheit der mit diesem Namen bezeichneten Begriffe, als Maße oder Kennzeichen der Zustände von Körpern. Die Maßzahl der Energie eines Körpers gibt an, wie groß die Summe aller mechanischen Arbeiten und Wärmemengen ist, die der Körper bei einem beliebigen Übergange in den Normalzustand nach außen abgibt. Durch die Maßzahl der Entropie kann

---

Körper erforderlich. Was hier und in der Folge von Körpern gesagt ist, gilt ebenso von Systemen von Körpern, da man sich ja jeden einzelnen Körper als ein System seiner einzelnen Teile denken kann.

man aber beurteilen, welche Wärmemengen mindestens von dem Körper nach außen abgegeben werden müssen, wenn er in den Normalzustand übergeht. Kann die Wärmeabgabe nur bei einer bestimmten Temperatur stattfinden, so ist der Mindestbetrag an abzuführender Wärme durch das Produkt der Maßzahlen von Entropie und Temperatur gegeben. Ist beispielsweise die Größe der Energie eines Körpers in einem gegebenen Zustande mit 2000 Kalorien angegeben, so bedeutet dies, daß der Körper beim Übergange aus dem gegebenen Zustande in den Normalzustand an mechanischer Arbeit und Wärmemengen in Summa 2000 Kalorien nach außen abgibt. Beträgt die Größe der Entropie des Körpers in dem gegebenen Zustande 4 Entropieeinheiten, so heißt dies, daß von den 2000 Kalorien jedenfalls $4 t_0$ Kalorien als Wärme von dem Körper beim Übergange in den Normalzustand nach außen abgegeben werden müssen, wenn t_0 die absolute Temperatur des Körpers ist, bei welcher überhaupt eine Wärmeabgabe nach außen erfolgt. Ist die tiefste Temperatur der Umgebung, an welche der Körper Wärme abgeben kann, etwa 17^0 C oder 290^0 absolut, so müssen mindestens $4 \times 290 = 1160$ Kalorien als Wärme abgegeben werden, so daß die vom Körper geleistete mechanische Arbeit höchstens $2000 - 1160 = 840$ Kalorien entsprechen oder 357,000 kgm betragen kann. Energie und Entropie eines Körpers kennzeichnen somit dessen Zustand hinsichtlich der durch ihn bedingten Arbeitsfähigkeit des Körpers. Für die Beurteilung der Arbeitsprozesse von Wärmekraftmaschinen ist die Feststellung der Entropiewerte der Arbeitssubstanzen in den einzelnen Phasen von großer Wichtigkeit.

Die Entropie.

Je nachdem, ob man von zwei Zuständen A und B eines Körpers den Zustand A oder den Zustand B als Normalzustand betrachtet, erscheint die Entropie des Körpers bald als positive, bald als negative Größe. Wenn für A als Normalzustand die Entropie des Körpers im Zustande B etwa gleich $(+ s)$ ist, so kann man daraus schließen, daß beim Übergange des Körpers aus dem Zustande B in den Zustand A mindestens $s t_0$ Kalorien als Wärme nach außen abgegeben werden müssen. Hätte man den Zustand B als Normalzustand gewählt, dann hätte die Entropie des Körpers im Zustande A den Wert $(- s)$. Auch daraus dürfte man nur folgern, daß beim Übergange des Körpers aus dem Zustande B in den Zustand A mindestens $s t_0$ Kalorien als Wärme nach außen abgegeben werden müssen. Keinesfalls aber wäre der Schluß berechtigt, daß beim Übergange des Körpers aus dem Zustande A in den Zustand B notwendigerweise $s t_0$ Kalorien an Wärmemengen zugeführt werden müssen; der Übergang von A nach B kann ebensowohl mit als ohne Wärmezufuhr stattfinden, hierüber läßt sich keine Aussage machen. Man wählt die Normalzustände zweckmäßig so, daß man bloß mit positiven Entropiewerten zu tun hat, und das Produkt $s t_0$ immer eine positive Zahl wird. Diese Wahl ist immer möglich und den folgenden Ausführungen zugrunde gelegt.

Der Ableitung des Begriffes und der Bestimmung der Größe der Entropie können folgende Erwägungen zugrunde gelegt werden.

Als Größe der Energie eines Körpers ist schon früher die algebraische Summe aller mechanischen Arbeiten oder ihrer Äquivalente bezeichnet worden, welche beim Übergange eines Körpers aus dem gegebenen Zustande in einen willkürlich gewählten Normalzustand gewonnen werden. Für den Körper im Normalzustande selbst ergibt sich somit die Energie Null. Wie jeder andere Zustand eines Körpers wird auch der Normalzustand desselben durch zwei der oben angeführten Zustandskennzeichen definiert.

Wenn für den willkürlich gewählten Normalzustand die Größen von Druck, Volumen und Temperatur p_0, v_0, t_0 sind, so können für irgend einen anderen bestimmten Zustand ihre Werte p_1, v_1, t_1 sein.

Wie immer nun der Übergang des Körpers von diesem bestimmten Zustande in den Normalzustand erfolgt, die algebraische Summe der bei dem Übergange gewonnenen mechanischen Arbeit oder ihrer Äquivalente ist ein konstanter Wert E, d. i. die Energie des Körpers in dem gegebenen bestimmten Zustande. Bei der Summierung sind alle Äquivalente der mechanischen Arbeit, folglich auch die gewonnenen Wärmemengen in Rechnung zu bringen. Im allgemeinen werden die Teilbeträge der mechanischen Arbeiten und der Wärmemengen, die zu summieren sind — andere Äquivalenzen kommen hier nicht in Betracht — je nach der Art der Überführung in den Normalzustand verschieden sein, nur ihre Summe ist von der Art der Überführung unabhängig.

Es ist ganz gleichgültig, auf welche Art die Überführung des Körpers in den Normalzustand vorgenommen wird, alle Verfahren sind dazu gut genug; wenn nur die sämtlichen aufgewendeten und gewonnenen Beträge von mechanischer Arbeit und von Wärmemengen genau erhoben werden, erhält man für deren algebraische

Die Entropie. 21

Summe immer denselben Energiewert E. Freilich werden bei verschiedenen Verfahren der Überführung des Körpers in den Normalzustand die Teilbeträge von gewonnener mechanischer Arbeit und von gewonnenen Wärmemengen verschieden ausfallen, aber von allen denkbaren Überführungen läßt sich eine Art angeben, bei welcher die gewonnenen Wärmemengen ein Minimum, die gewonnene mechanische Arbeit ein Maximum wird. Diese besondere Art der Überführung des Körpers in den Normalzustand ist nur durch Idealprozesse möglich, bei welchen sich niemals Temperaturdifferenzen durch Leitung und Strahlung ausgleichen, und bei welchen niemals mechanische Arbeit etwa durch Reibung in Wärme verwandelt wird, oder Gleichgewichtsstörungen auftreten, die zu Stoß- und Massenwirkungen Anlaß geben. Ein solcher Prozeß kann daher nur gedacht, praktisch aber nie durchgeführt werden.

Solche imaginäre Prozesse heißen **umkehrbare** Prozesse. Ihr Verlauf setzt eine kontinuierliche Aufeinanderfolge von Gleichgewichtszuständen voraus. Da man sich einen Körper in beliebig vielen, einander unendlich nahe liegenden, vollkommenen Gleichgewichtszuständen denken kann, so kann man sich auch eine Zustandsänderung des Körpers in der Phantasie ausmalen, wobei dieser Körper die aufeinanderfolgenden und einander unendlich nahe liegenden Gleichgewichtszustände der Reihe nach durchläuft. Es ist bei dieser Vorstellung nur notwendig, hinzuzudenken, daß die Veränderungen der einzelnen Zustände unendlich langsam vor sich gehen. Denn die Geschwindigkeit, mit welcher sich der Übergang eines Körpers aus einem Zustand in irgend einen anderen vollzieht, ist ein Maß der diesen Übergang veranlassenden Gleichgewichtsstörung. Daher ist die Voraussetzung einer unendlich langsam verlaufenden Veränderung gleichbedeutend mit der Annahme, daß das Gleichgewicht in jeder Phase des Prozesses vorhanden ist. Beispielsweise müßte bei einem umkehrbar expandierenden Gaskörper die Spannung des Gases in jedem beliebigen Stadium des Expansionsprozesses genau gleich dem äußeren Druck sein, der auf das Gas in diesem Stadium etwa durch einen beweglichen Kolben ausgeübt wird. Aus den in irgend einem Stadium gemessen gedachten Größen der Spannung des Gases und des äußeren Druckes läßt sich demnach gar nicht unterscheiden, ob der unendlich langsam vor sich gehende Prozeß ein Expansionsprozeß oder ein Kompressionsprozeß ist, denn je nach dem Sinn der vorausgesetzten unendlich kleinen Gleichgewichtsstörung müßte die Zustandsänderung in der einen oder in der entgegengesetzten Richtung verlaufen. Deshalb heißen solche Zustandsänderungen umkehrbar[1]. Könnten solche Prozesse stattfinden, und handelte es sich beispielsweise darum, den Gaskörper zu komprimieren, so brauchte der äußere Druck in jedem Stadium niemals größer als die augenblickliche Spannung des Gases zu sein. Die aufzuwendende Arbeit wäre demnach durch das Produkt der Maßzahlen von Spannung und Volumsänderung des Gases gemessen und könnte unmöglich kleiner sein. Sollte hingegen das Gas durch

---

[1] Durch einen umkehrbaren Kreisprozeß gelangt nicht nur der betrachtete Körper, sondern es gelangen auch alle anderen, mit ihm in Wechselwirkung gestandenen Körper, Wärmereservoire etc. genau in ihre ursprünglichen Zustände zurück.

Die Entropie.

Expansion Arbeit verrichten, so könnte der zu überwindende äußere Druck so groß wie die Spannung des Gases sein, und die verrichtete Arbeit wäre wie früher durch das Produkt der Maßzahlen von Spannung und Volumenänderung des Gases gemessen und könnte unmöglich größer sein. Daher ergibt die umkehrbare Zustandsänderung in dem einen Fall das Minimum der aufzuwendenden Arbeit und im andern Fall das Maximum der geleisteten Arbeit. Je nachdem, ob die bei einer wirklichen Zustandsänderung stattfindende Arbeitsleistung aufzuwenden oder zu gewinnen ist, fällt sie größer oder kleiner als die Arbeitsleistung eines umkehrbaren Prozesses aus. Wenn also der Idealprozeß, durch welchen ein betrachteter Körper in seinen Normalzustand übergeführt wird, das Maximum an mechanischer Arbeit leisten soll, so muß dieser Idealprozeß ein umkehrbarer Prozeß sein.

Zur Bestimmung des Energiewertes E genügt jeder praktisch mögliche Prozeß; zur Bestimmung des für alle möglichen Prozesse gültigen Minimums an abzuführenden Wärmemengen muß ein umkehrbarer Idealprozeß vorausgesetzt werden, dessen Verlauf man in der Praxis niemals zustande bringen kann.

Zustandsänderungen, bei welchen dem sie erleidenden Körper weder Wärme zugeführt noch Wärme abgeführt wird, heißen adiabatische Zustandsänderungen. Solche adiabatische Zustandsänderungen sind nicht notwendigerweise umkehrbare Prozesse, denn mit der Bezeichnung „adiabatische Zustandsänderung" ist nichts anderes und nicht mehr gemeint, als daß während des Verlaufes der Zustandsänderung dem Körper weder Wärme von außen zufließt, noch Wärme entzogen wird, wobei unter *Wärme* nur wirkliche Wärme und nicht etwa äquivalente Energie verstanden ist [1]).

Alle wirklich stattfindenden Zustandsänderungen eines Körpers sind nicht umkehrbar, weil infolge von Reibung, Massenwirkungen, Viskosität usw. während des Verlaufes eines solchen Prozesses auf Kosten mechanischer Arbeit immer neue Wärmemengen produziert werden, welche bei einer versuchten Umkehrung des Prozesses nicht mehr ganz in mechanische Arbeit zurückverwandelt werden können, und weil Wärme von selbst niemals von einem Körper niederer Temperatur zu einem Körper höherer Temperatur übergeht. Man kann aber in Gedanken einen vollkommen umkehrbaren adiabatischen Prozeß supponieren, dem sich die praktischen Verfahren je nach der Vollkommenheit der angewendeten Mittel mehr oder weniger nähern.

Wenn ein Körper durch einen solchen idealen umkehrbaren adiabatischen Prozeß in den Normalzustand gebracht werden kann, so braucht bei dieser Überführung Wärme weder zugeführt noch abgeführt zu werden; es ist somit für diesen besonderen Fall die Art des Idealprozesses, bei welchem die abgeführte Wärmemenge ein Minimum wird, als umkehrbare adiabatische Zustandsänderung festgelegt. Im allgemeinen wird es nicht zutreffen, daß der Körper durch einen adiabatischen Prozeß allein in den Normalzustand gelangt, es steht nur soviel fest, daß eine umkehrbare adiabatische Zustandsänderung keinen Einfluß auf die Größe des

---

[1]) Die Ausdehnung eines Gases ohne Arbeitsleistung, wie z. B. beim Überströmen in ein Vakuum, in einem wärmedichten Kasten ist eine adiabatische und nicht umkehrbare Zustandsänderung.

Die Entropie. 25

Minimums der abzuführenden Wärmemenge nehmen kann. Man könnte also, wenn der Körper durch eine umkehrbare adiabatische Zustandsänderung allein in den Normalzustand nicht gelangt, den Körper zunächst durch die adiabatische Zustandsänderung auf die Temperatur des Normalzustandes bringen und hierauf bei konstant gehaltener Temperatur die erforderliche Wärmeabfuhr bewirken. Ist diese Temperatur zugleich die niedrigste Temperatur der Umgebung, mit welcher der Körper in Wärmeaustausch treten kann, dann wird bei diesem Prozesse in der Tat das Minimum der notwendigen Wärmeabfuhr erreicht. Denn hätte der Körper eine niedrigere Temperatur als der kälteste Körper seiner Umgebung, dann könnte eine Wärmeabgabe überhaupt nicht stattfinden, und der Körper müßte erst durch Aufwand mechanischer Arbeit oder durch Zufuhr von Wärme auf eine höhere Temperatur gebracht werden. Findet hingegen die Wärmeabfuhr bei höherer Temperatur des Körpers statt, so hätte man so viel mal mehr Wärme abzuführen, als das Verhältnis der Temperatur, bei welcher die Wärmeabfuhr stattfindet, zur niedrigst möglichen Temperatur angibt.

Dies ergibt sich aus folgender Betrachtung. Um bei konstanter Temperatur den Zustand eines Körpers, also etwa seine Spannung oder sein Volumen, zu verändern, muß im allgemeinen mechanische Arbeit aufgewendet oder geleistet und Wärme zugeführt oder abgeführt werden. Zustandsänderungen bei konstanter Temperatur des Körpers heißen isothermische Zustandsänderungen. Durch eine solche isothermische Zustandsänderung ist es immer möglich, einen Körper aus seinem gegebenen Zustand in einen andern überzuführen, aus welchem er nun durch eine umkehrbare adiabatische Zustandsänderung allein in den Normalzustand gebracht werden kann. Ist also unter allen Umständen eine Wärmeabfuhr erforderlich, um den Körper in den Normalzustand zu bringen, so kann diese Wärmeabfuhr sowohl bei niedriger wie bei hoher Temperatur geschehen, es kommt nur darauf an, ob die notwendige adiabatische Zustandsänderung vor oder nach der isothermischen Zustandsänderung stattfindet. Man denke sich nun zwei solche verschiedene Prozesse, deren jeder den Körper (A) aus dem gegebenen Zustand in den Normalzustand (N) überführt. Es bedeute in Fig. 2 der Verlauf der Linie 1 den einen Prozeß, wobei die Wärmeabfuhr bei hoher Temperatur geschieht, und der Verlauf der Linie 2 den Prozeß mit der Wärmeabfuhr bei niedriger Temperatur. Ginge der Prozeß 1 in umgekehrter Richtung vor sich, so hätte man einen Kreisprozeß mit Wärmezufuhr bei hoher Temperatur und Wärmeabfuhr bei niedriger Temperatur. Da alle Zustandsänderungen umkehrbar gedacht sind, so entspricht dieser Kreisprozeß genau dem Arbeitsprozeß einer vollkommenen, verlustlosen Carnotschen Maschine, für die, wie im 1. Kapitel auf Seite 8 ausgeführt wurde, die zugeführte Wärmemenge Q zur abgeführten Wärmemenge Q_1 in dem Verhältnis $\dfrac{Q}{Q_1} = \dfrac{T}{T_1}$ steht. Daraus ergibt sich also, daß die notwendige Wärmeabfuhr bei der Überführung eines Körpers in den Normalzustand am geringsten wird, wenn sie bei der niedrigst möglichen Temperatur, d. i. bei der niedrigsten Temperatur der Umgebung, stattfindet.

Die Entropie. 27

Es ist zweckmäßig, der Wahl des Normalzustandes des Körpers die niedrigst mögliche Temperatur t_0 zugrunde zu legen[1]). Dann hat der Idealprozeß der minimalen Wärmeabfuhr für den Übergang des Körpers aus irgend einem Zustande in den Normalzustand folgenden Verlauf: Adiabatische Zustandsänderung bis zur Erreichung der Normaltemperatur t_0 und darauffolgende isothermische und umkehrbare Zustandsänderung bis zur Erreichung des Normalvolumens. Für diese vollkommen bestimmten Zustandsänderungen kann die

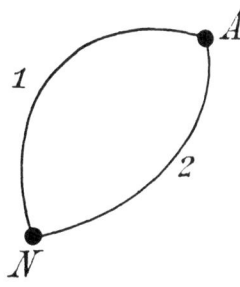

Fig. 2.

Wärmemenge, welche einem homogenen, isotropen Körper zu entziehen wäre, aus zwei Zustandskennzeichen genau berechnet werden. Es ist also die minimale Wärmemenge $Q_0 = f(v, T)$ eine Funktion zweier Zustandskennzeichen, etwa v und T. Daher ist auch der Quotient $\dfrac{Q_0}{t_0} = \varphi(v, T)$ eine Funktion von zwei

---

[1]) Hier und im folgenden ist unter Temperatur immer die absolute Temperatur verstanden; t_0 ist somit die Maßzahl der niedrigst möglichen Temperatur, an der absoluten Temperaturskala gemessen. Wo in der Berechnung des Beispiels Celsiusgrade vorkommen, sind der Ziffer immer die Zeichen ⁰ C. beigesetzt.

Zustandskennzeichen. Findet die Wärmeentziehung des Idealprozesses nicht bei der Normaltemperatur des Körpers oder bei der niedrigsten Temperatur t_0, sondern bei einer anderen Temperatur T_1 statt, so daß schließlich, um den Normalzustand zu erreichen, noch eine adiabatische Zustandsänderung des Körpers vorausgesetzt werden muß, so ist die abzuführende Wärmemenge:

$$Q_1 = \frac{Q_0}{t_0} T_1,$$

und für irgendwelche andere Temperaturen T_3, T_2 ergibt sich:

$$\frac{Q_3}{T_3} = \frac{Q_2}{T_2} = \frac{Q_1}{T_1} = \frac{Q_0}{t_0} = \varphi(v\,T).$$

Da diese Quotienten alle denselben Wert haben, kann man diesen Wert aus der bei einer beliebigen Temperatur vorgenommenen Wärmeabfuhr eines umkehrbaren Idealprozesses berechnen[1]); man kann sogar annehmen, daß die Wärmeabfuhr bei veränderlicher Temperatur geschieht, so daß der Wert des Quotienten in der Form $\int \frac{dQ}{T}$ erscheint. Die Wärmemengen Q_3, Q_2, Q_1, Q_0, $\int dQ$ sind also Größen, welche nur von den

---

[1]) Findet die Wärmeentziehung bei der niedrigsten Temperatur t_0 der Umgebung statt, so spielt die Umgebung, in welche die Wärme abfließt, die Rolle eines Wärmereservoirs konstanter Temperatur; wird die Wärmeentziehung bei irgend einer anderen Temperatur T_1 gedacht, so hat man sich, um die Umkehrbarkeit des Idealprozesses voraussetzen zu können, noch ein Wärmereservoir von der Temperatur T_1 hinzuzudenken.

Die Entropie.

Voraussetzungen abhängen, die dem imaginären Idealprozesse zugrunde gelegt werden. Es sind Ausgeburten der Phantasie oder Hirngespinste, die mit dem Zustande des Körpers in gar keinem Zusammenhange stehen, sie dienen nur dazu, den Wert eines Quotienten zu finden, der einen von allen Voraussetzungen unabhängigen, für den Zustand des Körpers charakteristischen Wert besitzt. Man kann ihn deshalb auch aus zwei Zustandskennzeichen des Körpers, also z. B. aus Volumen und Temperatur, als eindeutige Größe berechnen. Dieser Größe hat Clausius den Namen *Entropie* (Verwandelbarkeit) gegeben, weil sie für jeden Zustand eines Körpers ein Kennzeichen dafür ist, wie viel von der Energie eines Körpers höchstens in mechanische Arbeit verwandelt werden kann, wenn der Körper in den Normalzustand übergeht. Die Entropie als Zustandskennzeichen hat demnach mit der von dem Körper aufgenommenen oder abgegebenen oder in ihm enthaltenen Wärmemenge gar nichts zu tun. Aus der einem Körper tatsächlich zugeführten Wärmemenge, wenn er vom Normalzustande in einen anderen Zustand übergeht, kann der Wert der Entropie für den neuen Zustand niemals berechnet werden, denn die tatsächlichen Prozesse verlaufen anders als die imaginären, umkehrbaren Idealprozesse.

Drittes Kapitel.
Die Entropie (Fortsetzung).

Um die Entropie eines Körpers rechnungsmäßig zu bestimmen, berechnet man aus einer zwischen dem gegebenen Zustande und dem Normalzustand verlaufend gedachten, umkehrbaren Zustandsänderung die Summe der Quotienten aus den Maßzahlen der Temperaturen, bei welchen der Körper Wärme aufnehmen oder abgeben müßte, in die Maßzahlen der aufgenommenen oder abgegebenen Wärmemengen. In dem Ausdrucke $\int \frac{dQ}{T}$, der die Summe dieser Quotienten darstellt, bedeuten somit Q und T die Maßzahlen von Wärmemengen und Temperaturen in willkürlich gedachten idealen Prozessen, Größen also, die von dem Verlaufe der tatsächlichen Prozesse, denen der Körper früher unterworfen war, ganz unabhängig sind.

Wenn 1 kg Kohle von 7000 Kalorien Heizwert bei atmosphärischem Druck verbrannt wird, wobei die Luftzufuhr so bemessen ist, daß die Wärmekapazität der Verbrennungsprodukte $= 5$ wird, so erreicht die Temperatur der Verbrennungsprodukte, wenn die Temperatur der zuströmenden Luft 20^0 war, die Höhe von 1420^0 C. Die absolute Temperatur der Verbrennungsprodukte ist daher $1420 + 273 = 1693^0$. Wie groß

Die Entropie. 31

ist deren Entropie, wenn als Normalzustand der Zustand der Verbrennungsprodukte bei 20° C. und atmosphärischem Druck gilt?

Um die Größe der Entropie zu finden, kann man die Verbrennungsprodukte durch folgenden Idealprozeß in den Normalzustand gebracht denken. Durch adiabatische Expansion werden die Verbrennungsprodukte

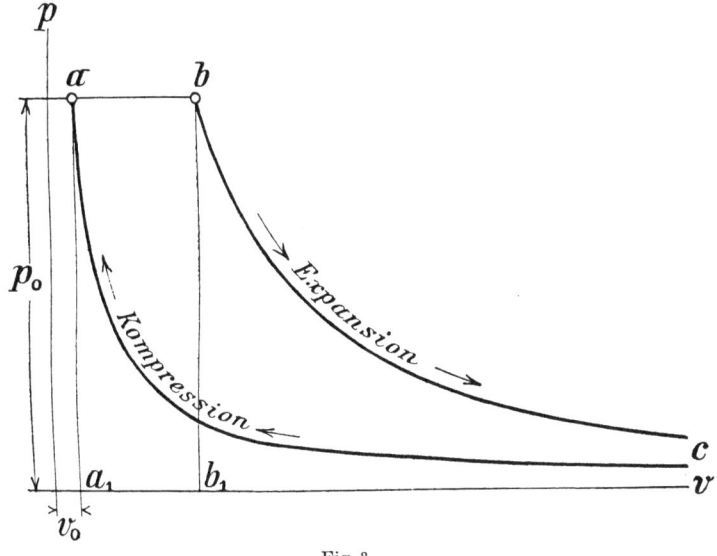

Fig. 3.

bis auf 20° C. abgekühlt und alsdann durch isothermische Kompression unter Wärmeabfuhr auf den atmosphärischen Druck gebracht. Dieser Idealprozeß ist in einem Druck-Volumen-Diagramm, Fig. 3, durch die Linien $b\,c\,a$ dargestellt. Punkt b charakterisiert den Zustand der Verbrennungsprodukte bei einer absoluten Temperatur von 1693° unter atmosphärischem Druck $p_0 = 10\,333$ kg/qm; Punkt a charakterisiert den Normalzustand, wobei die Verbrennungsprodukte das Volumen $v_0 = 17{,}43$ cbm einnehmen. Punkt c, der den Zustand zu Ende der adiabatischen Expansion und zu Beginn der isothermischen Kompression darstellt, hat man sich als weit rechts liegenden Schnittpunkt der beiden Kurven zu denken. Da die Verbrennungsprodukte während der isothermischen Kompression ihre Temperatur nicht ändern, bleibt ihr Wärmeinhalt konstant, und die abzuführende Wärmemenge muß der aufzuwendenden Kompressionsarbeit äquivalent sein. Daher erhält man die Größe der Entropie, wenn man die Kompressionsarbeit durch die absolute Temperatur, bei der sie stattfindet, dividiert[1]). Werden die Verbrennungsprodukte als vollkommenes Gas betrachtet, dann ergibt sich für die Größe der Kompressionsarbeit L der Ausdruck:

$$L = p_0 \, v_0 \log \mathrm{nat} \frac{p_0}{p_1},$$

worin p_0 und v_0 Druck und Volumen des Körpers im Normalzustande, p_1 den Druck zu Beginn der Kompression bedeuten.

Die Entropie ist daher:

$$S = A \frac{p_0 \, v_0}{t_0} \log \mathrm{nat} \frac{p_0}{p_1},$$

worin $A = 1/425$ das mechanische Wärmeäquivalent ist.

Da der Druck zu Beginn der Kompression zugleich der Enddruck der adiabatischen Expansion ist, die mit

---

[1]) Es sind natürlich hier wie überall nur die Maßzahlen der Größen gemeint.

Die Entropie. 33

dem Druck p_0 und der Temperatur T_0 beginnt, so ist seine Größe

$$p_1 = p_0 \left(\frac{t_0}{T_0}\right)^{\frac{k}{k-1}},$$

worin k das Verhältnis der spezifischen Wärme bei konstantem Druck zu der spezifischen Wärme bei konstantem Volumen ist. Sind diese Werte und das spezifische Gewicht der Verbrennungsprodukte bekannt, so kann die Entropie aus den angegebenen Formeln berechnet werden. Die bei der Verbrennung von Kohle entstehenden Verbrennungsprodukte bestehen aus Kohlensäure, Wasserdampf, Stickstoff, atmosphärischer Luft und geringen Mengen von Kohlenoxyd und schwefliger Säure. Spezifisches Gewicht und spezifische Wärme haben beiläufig dieselben Werte wie die für reine atmosphärische Luft gültigen Zahlen. Über die Veränderlichkeit der spezifischen Wärme mit der Temperatur liegen zu wenig Anhaltspunkte vor, als daß es der Mühe wert wäre, durch ihre Berücksichtigung den Gang der Rechnung an dieser Stelle zu komplizieren und die Grundgedanken der weiteren Entwicklungen zu verschleiern. Nimmt man also das spezifische Gewicht der Verbrennungsprodukte bei 0° C. und 760 mm Barometerstand mit 1,293, die spezifische Wärme bei konstantem Druck mit 0,2375 und $k = 1,408$ an, so erhält man:

$$p_1 = 10333 \left(\frac{20 + 273}{1420 + 273}\right)^{3,45} = 24,32.$$

Der Enddruck der adiabatischen Expansion beträgt 24,32 kg pro Quadratmeter. Da die Wärmekapazität der Verbrennungsgase bei konstantem Druck $C_p = 5$

Krauss, Thermodynamik. 3

34   Drittes Kapitel.

angenommen wurde, so beträgt das Gewicht der Verbrennungsprodukte:

$$5 : 0{,}2375 = 21{,}05 \text{ kg.}$$

Das Volumen der Verbrennungsprodukte beträgt bei 20⁰ C. und atmosphärischem Druck:

$$v_0 = \frac{21{,}05}{1{,}293} \cdot \frac{293}{273} = 17{,}43 \text{ kbm.}$$

Die Kompressionsarbeit beträgt daher:

$$L = 10333 \cdot 17{,}43 \text{ log nat } \frac{10333}{24{,}33} = 1\,092\,380 \text{ kgm}$$

$$AL = 2570 \text{ Kalorien.}$$

Somit ergibt sich die Entropie:

$$S = \frac{2570}{293} = 8{,}77.$$

Fig. 4 zeigt die Lage der Punkte, welche die Zustände der Verbrennungsprodukte charakterisieren und den Verlauf des Idealprozesses im Temperatur-Entropie-Diagramm. Punkt b charakterisiert den Zustand der Verbrennungsprodukte bei einer absoluten Temperatur von 1693⁰, wobei die Entropie 8,77 Entropieeinheiten beträgt. Punkt a charakterisiert den Normalzustand mit der Entropie Null. Der Verlauf des Idealprozesses wird durch den Linienzug bca dargestellt. Die Fläche des Rechteckes $Oacd$ stellt die während der isothermischen Kompression abzuführende Wärmemenge vor:

$$8{,}77 \times 293 = 2570 \text{ Kalorien.}$$

Für die vorberechneten Zustandsänderungen ist das Verhalten der Verbrennungsprodukte dem eines voll-

Die Entropie. 35

kommenen Gases konform vorausgesetzt worden, für das die Zustandsgleichung

$$p\,v = R\,T$$

gilt, worin R die Gaskonstante bedeutet.

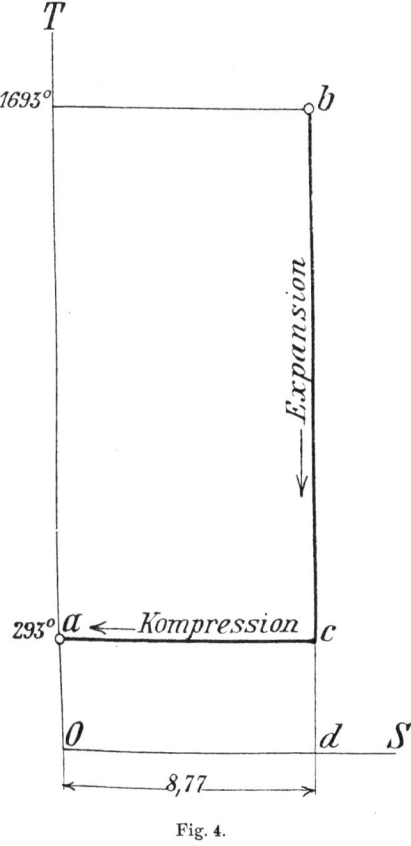

Fig. 4.

Der oben angegebene Ausdruck für S kann daher auch geschrieben werden, wenn die Gewichtseinheit der Verbrennnungsprodukte betrachtet wird:

36 Drittes Kapitel.

$$S = AR \log \operatorname{nat} \frac{p_0}{p_1},$$

ferner ergibt sich, wenn statt k der Wert $\frac{c_p}{c_v}$ gesetzt wird:

$$\log \operatorname{nat} \frac{p_0}{p_1} = \frac{c_p}{c_p - c_v} \log \operatorname{nat} \frac{T_0}{t_0}$$

und weil $AR = c_p - c_v$ ist, erhält man:

$$S = c_p \log \operatorname{nat} \frac{T_0}{t_0}.$$

Wenn das Gewicht der Verbrennungsprodukte G Kilogramm beträgt, so ist den Annahmen des Beispiels zufolge $C_p = G c_p = 5$. Daher ist für das berechnete Beispiel:

$$S = 5 \log \operatorname{nat} \frac{1693}{293} = 8,77.$$

Der zuletzt gefundene allgemeine Ausdruck ist das zwischen den Grenzen t_0 und T_0 genommene bestimmte Integral der Funktion

$$dS = c_p \frac{dT}{T},$$

$c_p\, dT$ ist aber die Wärmemenge, welche einem Körper von der Wärmekapazität c_p zugeführt oder abgeführt werden muß, um bei konstantem Druck die Temperaturänderung dT zu bewirken. Anstatt des vorhin angenommenen Idealprozesses der adiabatischen Expansion und isothermischen Kompression hätte man zur gedachten Zurückführung in den Normalzustand auch einen Idealprozeß der Wärmeabfuhr bei stetig veränderlicher Temperatur unter konstantem Druck voraussetzen

Die Entropie. 37

können und die Entropie aus der Summation der für diese Zustandsänderung gültigen Quotienten $\dfrac{dQ}{T}$ berechnen können. Da aber alle Idealprozesse umkehrbar sein müssen, muß es auch für die Zustandsänderung der Wärmeabfuhr bei veränderlicher Temperatur unter konstantem Druck ein Gedankenbild geben, welches die Umkehrbarkeit eines solchen Prozesses anschaulich macht. Es muß in jedem Stadium der vollzogenen Wärmeabfuhr möglich sein, den ursprünglichen Zustand so vollkommen wiederherzustellen, daß weder in dem betrachteten Körper noch in dessen Umgebung oder sonstwo irgend eine Änderung bestehen bleibt. Ist also beispielsweise die Temperatur der Verbrennungsprodukte durch Wärmeableitung unter konstantem Druck von T_1 auf T_2 gesunken, so muß es möglich sein, auf umgekehrtem Wege T_2 auf T_1 wieder zu erheben, ohne daß sonst gegen früher irgend ein Unterschied der Zustände innerhalb oder außerhalb des Körpers bestehen bleibt. Die Umgebung des Körpers kann als ein Wärmereservoir von konstanter Temperatur t_0 angesehen werden. Denkt man sich nun eine so große Anzahl von Carnotschen Maschinen, als das ganze Temperaturgefälle in unendlich kleine Teilgefälle dT zerlegt gedacht werden kann, so daß jeder einzelnen Maschine bei der Temperaturhöhe, für die sie bestimmt ist, die unendlich kleine Wärmemenge $c_p\, dT$ zufließt, von der sie den Betrag $\dfrac{t_0}{T} c_p\, dT$ an die Umgebung des Körpers abgibt, so kann sie dabei eine Arbeit von der Größe $c_p\, dT \left(\dfrac{T-t_0}{T}\right)$ leisten, durch deren Aufwand der Körper von der Temperatur

$T-dT$ wieder auf T gebracht wird. Der Wärmeabfuhr bei stetig veränderlicher Temperatur unter konstantem Druck kann demnach wirklich ein passendes Gedankenbild eines umkehrbaren Idealprozesses zugeordnet werden[2]). Für jede Phase der bei konstantem Druck erfolgenden Abkühlung ergibt sich somit der Entropiewert S für die Temperatur T des Körpers in dieser Phase aus:

$$S = c_p \log \mathrm{nat}\, \frac{T}{t_0}.$$

Die Zustandsänderung der hier betrachteten Verbrennungsprodukte bei Übergang in den Normalzustand durch Wärmeentziehung bei konstantem Druck wird in

---

[1]) Anstatt der Carnotschen Maschinen kann man sich auch eine so große Anzahl von Wärmereservoiren vorstellen, als verschiedene Temperaturen zwischen den Grenzen T_0 und t_0 enthalten sind. Jeder Temperatur T entspricht dann ein Wärmereservoir, dem die Wärmemenge $c_p\, dT$ während der Zustandsänderung zugeführt und bei der Umkehrung des Prozesses abgeführt wird. Das Wärmereservoir von der Temperatur T (Fig. 5) nimmt bei der Abkühlung der Verbrennungsprodukte von der Temperatur $T+dT$ auf T die Wärmemenge $usrt$ (Fig. 5) auf und gibt bei der Umkehrung des Prozesses dieselbe Wärmemenge bei der Erwärmung der Verbrennungsprodukte von der Temperatur $T-dT$ auf T wieder ab. — Bei der Vorstellung der Carnotschen Maschinen hat man für die Umkehrung des Prozesses anzunehmen, daß das in der Maschine für die Temperatur T verwendete Arbeitsmedium die Wärmemenge $tvwu$ aus der Umgebung entnimmt, hierauf durch adiabatische Kompression auf die Temperatur $T+dT$ gebracht wird, dann durch Wärmeabgabe an die Verbrennungsprodukte die Wärmemenge $rsut$ abgibt und durch adiabatische Expansion in den Anfangszustand zurückkehrt.

Die Entropie.

Fig. 5 durch den Verlauf der zwischen b und a eingezeichneten Kurve dargestellt, deren Gleichung lautet:

$$S = 5 \log \text{nat} \frac{T}{293}.$$

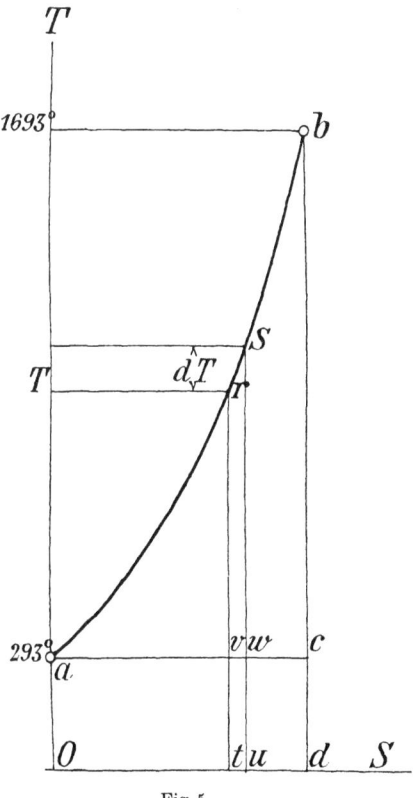

Fig. 5.

Irgend ein Punkt dieser Kurve charakterisiert den Zustand der Verbrennungsprodukte bei atmosphärischem Drucke durch Temperatur und Entropie.

Die kürzeste rechnerische Ableitung der Größe der Entropie eines vollkommenen Gases ist die folgende.

Bei der umkehrbaren adiabatischen Zustandsänderung ist die geleistete Arbeit gleich der Änderung der Energie des Gases
$$Ap\,dv = -c_v\,dT.$$

Nach der Zustandsgleichung eines vollkommenen Gases ist $p = RT/v$. Setzt man diesen Wert in die Gleichung ein und trennt die Variabeln nach den verschiedenen Seiten der Gleichung, so erhält man

$$AR\,\frac{dv}{v} = -c_v\,\frac{dT}{T},$$

woraus sich durch Integration ergibt:

$$c_v \log \text{nat } T + AR \log \text{nat } v = \text{Konstant.}$$

Die Größe, welche bei der umkehrbaren adiabatischen Zustandsänderung konstant bleibt, ist eben die Entropie. Um ihren Wert ziffernmäßig zu bestimmen, setzt man einen passenden Normalzustand durch die Koordinaten t_0 und v_0 als Nullpunkt für den Entropie-Maßstab fest und erhält dann:

$$S = c_v \log \text{nat } \frac{T}{t_0} + AR \log \text{nat } \frac{v}{v_0}$$

oder, wenn die Variabeln p und v sind,

$$S = c_v \log \text{nat } \frac{p}{p_0} + c_p \log \text{nat } \frac{v}{v_0}.$$

Die Arbeitsprozesse der Maschinen mit innerer Verbrennung (Gasmaschinen und viele Arten von Ölmaschinen) werden in der Regel so geleitet, daß die Verbrennung bei konstantem Volumen stattfindet. Für den Wert der Entropie der schließlichen Verbrennungsprodukte ist indessen nicht die Art des vorhergegangenen Prozesses, sondern nur der jeweilige Zustand der Verbrennungsprodukte maßgebend, wobei es ganz gleichgültig ist, auf welche Art sie in diesen Zustand gelangt sind. Hat man also etwa bei einer Gasmaschine den Zustand der Verbrennungsprodukte mit $p > p_0$ und $v = v_0$ erhoben, so ist die Entropie

$$S = c_v \log \operatorname{nat} \frac{p}{p_0} = c_v \log \operatorname{nat} \frac{T}{t_0}.$$

Wenn aber, wie bei allen äußeren Feuerungen, der Zustand schließlich durch die Werte $p = p_0$ und $v > v_0$ festgestellt wird, so beträgt die Entropie der Verbrennungsprodukte

$$S = c_p \log \operatorname{nat} \frac{v}{v_0} = c_p \log \operatorname{nat} \frac{T}{t_0}.$$

Viertes Kapitel.

Der Verbrennungsverlust.

Bei einer Dampfmaschinenanlage stehen der Brennstoff und die Verbrennungsprodukte durch den Aschenfall und den Schornstein dauernd in Kommunikation mit der äußeren Atmosphäre. Die Zustandsänderungen des Brennstoffes, der Luft und der Verbrennungsprodukte finden daher bei konstantem atmosphärischen Druck statt. Dieser Verlauf der Vorgänge ist für den erzielbaren Wirkungsgrad der Anlage von erster Bedeutung. Die Energie des Brennstoffes und der Verbrennungsluft ist bei dem betrachteten Beispiele mit 7000 Kalorien angenommen worden. Es fragt sich, wieviel von diesen 7000 Kalorien überhaupt und im besten Falle mit Hilfe einer verlustlosen Maschine nutzbar gemacht werden könnten. Fände die Verbrennung der Kohle bei der Dissoziationstemperatur der Verbrennungsprodukte statt, so könnte man sie zwar als reversiblen Vorgang betrachten, der aber immerhin, weil er an eine bestimmte Temperatur gebunden ist, einen notwendigen Effektverlust bedingt. Der Idealprozeß der Wärmeentwicklung und Wärmeabfuhr ginge alsdann bei der Dissoziationstemperatur T_d und der Temperatur der Umgebung t_0 vor sich. Mit Hilfe einer Carnotschen Maschine könnten

Der Verbrennungsverlust. 43

somit 7000 $\left(1 - \dfrac{t_0}{T_d}\right)$ Kalorien als mechanische Arbeit hervorgebracht werden. Nimmt man die Dissoziationstemperatur mit 2500° C. an, so ergibt sich ein Wirkungsgrad von 89,6 %. Der unvermeidliche Verlust würde ungefähr 742 Kalorien betragen. Das Entropie-Diagramm ist in Fig. 6 dargestellt. Die Entropie erreicht den Wert 2,53 entsprechend dem Verluste 2,53 × 293 = 742 Kalorien.

Die Temperatur im Feuerraume der Dampfkesselfeuerungen wird selten höher als zu 1300° C. bestimmt, obwohl die Verbrennung der Kohle sicherlieh bei viel höherer Temperatur vor sich geht, denn die Verbindung von Kohlenstoff und Sauerstoff findet nach ganz bestimmten und unabänderlichen Gewichtsverhältnissen statt, an welchen der vorhandene Überschuß des einen oder anderen Bestandteiles nichts zu ändern vermag. Aber die an der Verbrennung nicht unmittelbar beteiligten Bestandteile erwärmen sich an den entstehenden Verbrennungsprodukten, und es findet ein Ausgleich der Temperaturen statt, so daß das Maximum nicht beobachtet werden kann. Auch die den Feuerraum begrenzenden Wände, welche der Strahlung des Brennmateriales und

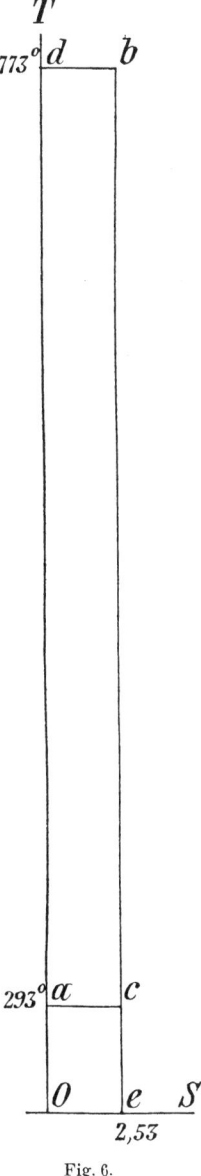

Fig. 6.

der Verbrennungsprodukte ausgesetzt sind, bewirken eine Herabsetzung der Mitteltemperatur. Bildet die Heizfläche des Dampfkessels eine teilweise Begrenzung des Feuerraumes, so ist die durch Strahlung und Berührung an die Heizflächenwand übertragene Wärmemenge allerdings nicht verloren, aber die Herabsetzung der Temperatur bringt einen notwendigen Effektverlust mit sich.

Um den durch die Art der Verbrennung und Wärmeentwicklung bedingten Verlust festzustellen, hat man vorläufig von allen Vorgängen der Wärmeübertragung an die Kesselwand abzusehen und anzunehmen, daß die gesamte verfügbare Energie des Brennstoffes zur Erzeugung der heißen Verbrennungsprodukte aufgewendet werde. Beim Aufwerfen der Kohle auf den Rost und durch die in der Asche und Schlacke eingeschlossenen unverbrannten Kohlenstücke gehen ungefähr $5^o/_o$ der verfügbaren Energie verloren, so daß, wenn der Heizwert von 1 kg Kohle 7000 Kalorien beträgt, nur 6650 Kalorien auf dem Roste entwickelt werden. Der Aschenfallverlust wäre durch sorgfältige Behandlung der Kohle bei zweckmäßiger Einrichtung des Feuerungsapparates vermeidlich; er wird daher hier nicht in Abzug gebracht. Ist die Luftzufuhr zur Verbrennung so geregelt, daß die Wärmekapazität der Verbrennungsprodukte bei konstantem Drucke $C_p = 4{,}5$ wird, so wird die Temperatur der Verbrennungsprodukte um 1555° C. höher als die Temperatur der zur Feuerung strömenden Luft sein. Bei einer Temperatur der Atmosphäre von 15° C. oder 288° abs. erreichen die Verbrennungsprodukte 1843° absolute Temperatur: Diese Temperatur heißt die theoretische Verbrennungstemperatur. Aus den oben angedeuteten Umständen bleiben die Temperaturen der Verbrennungsprodukte bei den wirklich vollzogenen Verbrennungen weit unter den theoretisch berechneten Werten. Es überdecken sich nämlich die beiden Vorgänge der Wärmeentwicklung und der Wärmemitteilung. Wenn aber, wie dies hier geschieht, die Vorgänge getrennt in Betracht gezogen werden, so ist die Annahme, daß die ganze, vom Brennstoff entwickelte Wärme während eines verschwindend kleinen Zeitelements ganz in den Verbrennungsprodukten enthalten sei, nicht nur erforderlich, sondern auch vollkommen zulässig. Die Spannung der Verbrennungsprodukte ist gleich dem atmosphärischen Drucke. Mit Hinsicht auf den Normalzustand der Verbrennungsprodukte bei 288^0 ergibt sich somit die Entropie

$$S = C_p \log \text{nat} \frac{T}{t_0} = 4{,}5 \log \text{nat} \frac{1843}{288} = 8{,}353\,.$$

Die zur Überführung in den Normalzustand erforderliche Wärmeabfuhr muß somit wenigstens $8{,}353 \times 288 = 2406$ Kalorien betragen. Von der verfügbaren Energie des Brennstoffes könnten daher durch eine periodisch wirkende Maschine höchstens $7000 - 2406 = 4594$ Kalorien als mechanische Arbeit hervorgebracht werden[1]). Wie immer die Wärme der Verbrennungsprodukte weiter verwendet wird, und

---

[1]) Diesen Wert heißt Zeuner (Technische Thermodynamik) Arbeitswert der Steinkohle. Es wäre vielleicht zutreffender ihn Arbeitswert der Verbrennungsprodukte zu benennen, da er nur vom Zustand der Verbrennungsprodukte abhängig ist und somit für eine und dieselbe Steinkohle sehr verschiedener Größe sein kann.

welcher Maschinen immer man sich zur Hervorbringung der mechanischen Arbeit bedienen mag, die Ausbeute kann unmöglich mehr als 4594 Kalorien betragen. Wenn die Verbrennungsprodukte einmal den Zustand, der durch den atmosphärischen Druck und die Temperatur von 1843° abs. oder die Entropie 8,353 gekennzeichnet wird, erreicht haben, ist die später folgende Einbuße von 2406 Kalorien an mechanischer Arbeit unabänderlich bestimmt. Dieser Arbeitsverlust ist durch die gewählte Art der Verbrennung bedingt, man kann ihn also Verbrennungsverlust heißen.

Im Entropiediagramm Fig. 7 bezeichnet Punkt b den Zustand der Verbrennungsprodukte bei 1843° abs. Der Idealprozeß, wodurch die Verbrennungsprodukte in den Normalzustand gebracht werden, ist durch die Linie bca angegeben. Der Verbrennungsverlust ist durch die Fläche $Oacd$ = 2406 Kalorien dargestellt. Die relative Größe des Verbrennungsverlustes beträgt 2406 : 7000 = 0,344 oder 34,4%. Diese Ermittlungen können in folgendem Satze zusammengefaßt werden: In einer Umgebung von 15° C. ist es unmöglich, mittels einer periodisch wirkenden Maschine, welcher man Kohle von 7000 Kalorien Heizwert kontinuierlich zuführt, mehr als 65% des Heizwertes der aufgewendeten Kohle an mechanischer Arbeit hervorzubringen, wenn die Kohle in der Maschine unter konstantem Drucke so verbrannt wird, daß die höchste Temperatur der Verbrennungsprodukte 1843° abs. beträgt.

Aus den Resultaten von Heiz- und Verdampfungsversuchen kann in der Regel ein Nutzeffekt der Dampfkesselanlage von 60—75% herausgerechnet werden, während aus den Untersuchungen der dazu gehörigen

Dampfmaschine ein thermischer Wirkungsgrad der Maschine allein von etwa 10—18 % ermittelt wird. Dadurch kann die Meinung erweckt werden, daß von den

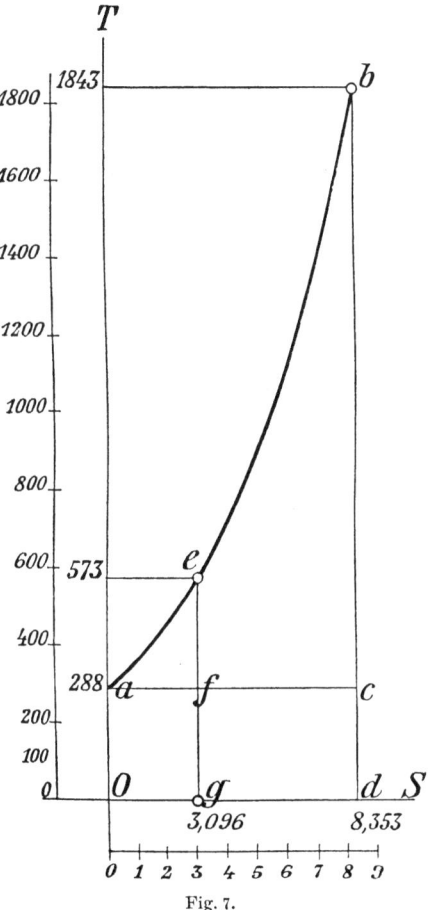

Fig. 7.

beiden Bestandteilen der Anlage, nämlich Dampfkessel und Dampfmaschine, es wesentlich die Schuld der Dampfmaschine sei, daß der Gesamteffekt auf so niedriger Stufe bleibt. Dies ist aber gerade das Gegenteil der tatsächlichen Verhältnisse. Die Entwertung der Energie fällt zum größten Teile dem Dampfkessel zur Last. Es ist zwar richtig, daß unsere heutigen Dampfmaschinen viel höherwertige Energie, als sie ihnen vom Dampfkessel geliefert wird, nicht vertragen können; dies ändert aber nichts daran, daß unter den bestehenden Verhältnissen die größte Entwertung im Dampfkessel und seiner Feuerungsanlage und nicht in der Dampfmaschine vollzogen wird.

Der Verbrennungsverlust hat in dem betrachteten Beispiele 34,4 % des Heizwertes der Kohle betragen; doch ist die Größe dieses Verlustes nicht etwa so aufzufassen, als ob mit der stattfindenden Verbrennung der Kohle schon 34,4% der Wärme verloren gegangen wären. Um Wärmeverluste handelt es sich gar nicht, sondern um Arbeitsverluste und um die mögliche Nutzbarmachung der Wärme.

In dem Verbrennungsverluste ist der Arbeitsverlust inbegriffen, welcher sich aus dem Umstande ergibt, daß die in die Feuerung eingeführte Kohle, bevor sie sich durch ihre Verbrennung an der Wärmeentwicklung beteiligt, erst durch Leitung und Strahlung auf die Entzündungstemperatur vorgewärmt werden muß. Eine besondere Bestimmung des damit verknüpften Entzündungsverlustes ist bei dieser Betrachtung der Vorgänge nicht möglich, weil mit Hinsicht auf die praktische Anwendung dieser Betrachtungsweise alle Berechnungen nur auf Grund der als wirklich erhoben gedachten Zustände der Körper durchgeführt werden.[1]

---

[1] In einer interessanten Studie, welche Prof. M. Jouguet unter dem Titel „Sur la théorie des moteurs thermiques" dem

Das Diagramm Fig. 7 verdient eine genauere Betrachtung. Die Linien ba, bc und ca stellen umkehrbare Zustandsänderungen der Verbrennungsprodukte dar. Wenn nun auch die Fläche $Oabd$ in diesem Falle als ein Maß der entwickelten Wärme, d. i. 7000 Kalorien, erscheint, so darf doch keineswegs das Diagramm so aufgefaßt werden, als ob der Verlauf der Linie ab die Zustandsänderung der Kohle während der Verbrennung unter konstantem Druck darstelle. Wo die Punkte liegen, welche den Zuständen während der Verbrennung entsprechen, läßt sich nicht angeben. Ein Punkt, welcher den Zustand der Kohle vor der Verbrennung darstellt, ist auf dem Diagramme gar nicht gezeichnet. Wenn man will, kann man sich diesen Punkt mit der Ordinate $T = 288$, außerhalb der Zeichnungsebene, im Raum liegend vorstellen. Der Punkt a des Diagrammes stellt den Zustand der Verbrennungsprodukte nach der Verbrennung und nach erfolgter Ab-

Kongresse für angewandte Mechanik in Lüttich 1905 vorgelegt hat, und worin der Verfasser auf Grund des Gouyschen Theorems einen Vergleich von Wärmekraftmaschinen mit innerer Verbrennung und mit äußerer Verbrennung durchführt, ist der Arbeitswert der Wärmemenge, welche zur Erwärmung von Brennstoff und Luft auf die Entzündungstemperatur erforderlich ist, als Entzündungsaufwand festgestellt. Je nachdem, ob man es also mit kalter oder mit vorgewärmter Luft und Kohle zu tun hat, käme ein Entzündungsverlust oder ein Entzündungsaufwand oder, bei ungenügender Vorwärmung, beides zugleich in Betracht. Aus den Zuständen vor und nach der Verbrennung kann aber außer dem Gesamtverbrennungsverluste nur der Entzündungsaufwand besonders bestimmt werden. Dieser ist bei den Dampfkesselfeuerungen, die mit nicht vorgewärmter Luft arbeiten, gleich Null.

kühlung auf die Temperatur der Umgebung von 288⁰ vor. Wie aber der Übergang von dem Punkte, der den Zustand der Kohle vor der Verbrennung darstellt, zum Punkte b erfolgt, darüber gibt das Diagramm keine Auskunft. Die Koordinaten des Punktes b sind aus den Zustandskennzeichen der Verbrennungsprodukte berechnet worden, und die Linie ba stellt die Zustandsänderung der Verbrennungsprodukte während einer ideellen, umkehrbar bewirkten Abkühlung bei konstantem Drucke vor, während dieselbe Linie, in der Richtung ab betrachtet, die Zustandsänderung der Verbrennungsprodukte während einer ideellen, umkehrbar bewirkten Erwärmung vorstellt.

Die Energie der Verbrennungsprodukte in dem Zustande, der durch den Punkt b des Diagramms gekennzeichnet wird, beträgt mit Bezug auf den Normalzustand der Verbrennungsprodukte bei 15⁰ C. und atmosphärischem Druck 4968 Kalorien. Führt man also die Verbrennungsprodukte, deren Temperatur 1843⁰ beträgt, auf irgend eine Weise in den Normalzustand über, so beträgt die algebraische Summe der gewonnenen Arbeits- und Wärmemengen 4968 Kalorien. Hingegen hat die Kohle bei ihrem Übergang in den Normalzuzustand 7000 Kalorien ergeben. Die Differenz von 2032 Kalorien kommt, wenn die Verbrennung unter konstantem Drucke vor sich geht, als mechanische Arbeit der Volumsvermehrung zum Vorschein. Indessen ist die oben gemachte Annahme, daß die Verbrennung auf den Rosten der Dampfkessel unter konstantem atmosphärischen Drucke vor sich geht, nur annäherungsweise richtig. Tatsächlich findet die Verbrennung unter veränderlichem Drucke statt, denn infolge der Schornstein-

Der Verbrennungsverlust.

wirkung bestehen zwischen Aschenfall, Feuerherd, Feuerzügen und Schornstein Druckdifferenzen. In den Feuerzügen stehen die Verbrennungsprodukte unter geringerem als atmosphärischem Drucke, und die Arbeit, welche die Luft beim Eintritte durch die Rostspalten und die Lücken des Brennmateriales leistet, indem sie auf den geringeren Druck expandiert, erscheint als kinetische Energie der Verbrennungsprodukte, die mit einer gewissen Geschwindigkeit durch die Feuerzüge strömen. Mit der Beschleunigung der Verbrennungsprodukte wäre ein Arbeitsverlust auch dann verknüpft, wenn die kinetische Energie schließlich durch Reibung wieder ganz in Wärme zurückverwandelt werden könnte. Nun beträgt aber die lebendige Kraft der aus je 1 kg sekundlich verfeuerter Kohle entstehenden Verbrennungsprodukte, wenn diese mit einer Geschwindigkeit von 10 m pro Sekunde durch die Züge strömen, ungefähr 100 kgm entsprechend 0,24 Kalorien. Dieser Arbeitsverlust ist demnach so gering, daß er praktisch vernachlässigt werden kann.

Bei einer Dampfkesselanlage wird die Wärme des Feuers und der Verbrennungsprodukte benützt, um das in einen Dampfkessel eingeführte Speisewasser in Dampf von bestimmter Spannung zu verwandeln. Die Wärme, welche die Verbrennungsprodukte bei ihrem Wege durch die Feuerzüge des Dampfkessels abgeben, soll möglichst vollständig von dem Dampfkesselinhalte aufgenommen werden. In welchem Maße dies erreicht werden kann, hängt von der Konstruktion des Dampfkessels ab. Sind die Begrenzungen der Feuerzüge teilweise durch Mauerwerk gebildet, so findet die durch Berührung von den Verbrennungsprodukten an das Mauerwerk abgegebene

Wärme durch die Leitungsfähigkeit des Mauerwerks einen Weg in die Umgebung und geht direkt verloren, andererseits strömt durch die Fugen des Mauerwerkes Luft in die Verbrennungsprodukte und bewirkt durch den Wärmeaustausch und die Vergrößerung der Wärmekapazität eine Vergrößerung der Entropie und damit auch eine Vermehrung der Arbeitsverluste. Auch bei innen gefeuerten Kesseln, deren Rauchzüge zum größten Teile durch Heizflächenwandungen begrenzt sind, treten Wärmeverluste, wenn auch in geringerem Maße als bei außen gefeuerten Kesseln, auf. Alle diese Verluste werden bei dem dieser Betrachtung zugrunde gelegten Beispiele nicht berücksichtigt, nicht aber etwa aus dem Grunde, weil sie zu vernachlässigen sind, sondern weil die Betrachtung vorläufig vollkommene Einrichtungen zur Voraussetzung nimmt, um die haupsächlichen und wesentlichen Verluste von den, allgemein gar nicht feststellbaren, unwesentlichen zu trennen.

Fünftes Kapitel.

Der Heizungsverlust. — Der Essengasverlust.

Die Vorgänge, welche nun zu betrachten sind, spielen sich zwischen den Verbrennungsprodukten und dem Dampfkesselinhalte ab. Es sei vorausgesetzt, daß es sich um die Erzeugung von Dampf von 11 Atm. absoluter Spannung handelt, dessen Temperatur 183^0 C. oder 456^0 abs. beträgt. Den Verbrennungsprodukten gegenüber verhält sich der Dampfkessel so wie ein kalter Körper. Die Temperatur der äußeren Wand wird hauptsächlich davon abhängig sein, aus welchem Materiale die Wand des Dampfkessels besteht. Da die Wand in der Regel außen mit Ruß und innen mit Kesselstein belegt ist, so kommen auch diese Verunreinigungen und deren Stärken ebenso wie die eigentliche Materialstärke in Betracht. Wieso diese Umstände alle dazu beitragen, künftige Arbeitsverluste nach sich zu ziehen, ohne daß sie Wärmeverluste bedingen, kann an dieser Stelle noch nicht erörtert werden; vorläufig bleiben sie unberücksichtigt. Es sei daher angenommen, der ganze Kesselinhalt, Wasser und Dampf, habe die Temperatur von 456^0 abs. und die Wärme der Verbrennungsprodukte werde direkt auf den Kesselinhalt übertragen, wodurch ein Teil des Wassers in Dampf verwandelt wird, der in die Dampfleitung abströmt, während

54 Fünftes Kapitel.

eine entspechende Menge heißen Speisewassers in den Kessel eingeführt wird. Wenn sich dabei die Verbrennungsprodukte ebenfalls auf 456° abs. abkühlen sollten, so müßte die Heizfläche des Dampfkessels sehr groß sein. Um innerhalb des Rahmens praktischer Erfahrungen zu bleiben, sei angenommen, die Verbrennungsprodukte kühlten sich an dem Dampfkessel nur bis zu 300° C. oder 573° abs. ab. Dabei werden höchstens

$$4{,}5\,(1843 - 573) = 5715 \text{ Kalorien}$$

an den Kesselinhalt übertragen.

Um festzustellen, ob mit diesem Wärmeübergange künftige Arbeitsverluste verbunden sind, hat man den Wert der Entropie für den neuen Zustand mit dem ursprünglichen Werte der Entropie, welche für die Verbrennungsprodukte 8,353 betragen hat, zu vergleichen. Die Differenz wird ein Maß des neuerlich aufgelaufenen Verlustes sein. Die Entropie des ursprünglichen Kesselinhaltes ist nicht bekannt; ihr Wert sei S_a, dann ist die Größe der Entropie für den früheren Zustand:

$$S_a + 8{,}353.$$

Die Entropie der Verbrennungsprodukte bei 573° abs. beträgt:

$$4{,}5 \log \text{nat} \frac{573}{288} = 3{,}096,$$

und die Entropie des Kesselinhaltes samt dem neugebildeten Dampfe sei gleich S_b; dann ist die Entropie des Systems im neuen Zustand:

$$S_b + 3{,}096$$

und die Differenz gegen früher:

$$S_b - S_a - 5{,}257.$$

Der Heizungsverlust.

Die Verdampfungswärme bei 183° C. beträgt 476 Kalorien pro Kilogramm Dampf. Da die Verbrennungsprodukte 5715 Kalorien abgegeben haben sollen, so könnten damit im besten Falle 12 kg Wasser verdampft werden. Um die Entropieänderung $S_b - S_a$ kennen zu lernen, hat man einen umkehrbaren Prozeß zu ersinnen, wodurch nach stattgefundener Verdampfung der ursprüngliche Zustand des Kesselinhaltes wieder herbeigeführt wird. Die Summe der Quotienten, welche erhalten werden, wenn man die bei diesem imaginären Prozeß zuzuführenden oder abzuführenden Wärmemengen durch die Temperaturen dividiert, bei denen die Wärmeübergänge stattfinden, gibt alsdann den Wert der Differenz $S_b - S_a$ an. Als einfachste umkehrbare Zustandsänderung kann man sich die isothermische Kompression des gebildeten Dampfes bis zu völliger Verflüssigung unter Anwendung eines Wärmereservoirs von 183° C. denken. Die abzuführende Wärmemenge ist alsdann der gesamten Verdampfungswärme gleich. Es ist demnach

$$S_b - S_a = 5715 : 456 = 12{,}535$$

und die Entropieänderung des ganzen Systems während der betrachteten Zustandsänderung

$$12{,}535 - 5{,}257 = 7{,}278.$$

Der Arbeitsverlust durch den Temperaturabstieg beträgt somit

$$7{,}278 \times 288 = 2096 \text{ Kalorien}.$$

Seine relative Größe ist $2096 : 7000 = 0{,}299$ oder $29{,}9\%$.

Man kann diesen Verlust, der bei der Heizung eines Dampfkessels auftritt, **Heizungsverlust** nennen.

56   Fünftes Kapitel.

Von dem Heizwerte des Brennstoffes, 7000 Kalorien, können daher in diesem Stadium des Prozesses höchstens mehr

$$7000 - 2406 - 2096 = 2498 \text{ Kalorien}$$

oder 35,9% als mechanische Arbeit durch eine periodisch wirkende Maschine hervorgebracht werden, obwohl bisher, nachdem sowohl die Aschenfallverluste als auch alle Leitungs- und Strahlungsverluste unberücksichtigt geblieben sind, noch gar keine Wärmeverluste in Rechnung gezogen worden sind. Das System besteht jetzt aus den auf 300° C. abgekühlten Verbrennungsprodukten, dem ursprünglichen Kesselinhalte und 12 kg neugebildetem Dampf. Würde man durch irgend einen praktisch möglichen und ausführbaren Vorgang die Verbrennungsprodukte bei möglichst konstantem Drucke auf den Normalzustand zurückführen und den gebildeten Dampf bei 183° C. verflüssigen, so würde man nicht nur die vollen 7000 Kalorien des ursprünglichen Heizwertes an Wärme abzuführen haben, sondern noch um so viel Wärme mehr, als die Unvollkommenheiten der tatsächlichen Prozesse im Vergleiche zu den idealen umkehrbaren Prozessen einen größeren Aufwand mechanischer Arbeit erfordern.

Im Entropiediagramme Fig. 8 und im Wärmemengendiagramme Fig. 9 sind die eben betrachteten Zustandsänderungen anschaulich gemacht. Wenn die Verbrennungsprodukte auf 573° abs. abgekühlt sind, so wird ihr Zustand im Entropiediagramme Fig. 8 durch den Punkt e charakterisiert. Im Wärmemengendiagramme Fig. 9 ist $Ocba_1$ die Wärmemenge, welche die Verbrennungsprodukte abgeben würden, wenn sie bei konstantem

Der Heizungsverlust. 57

Drucke bis auf den absoluten Nullpunkt abgekühlt werden könnten. Wenn die Verbrennungsprodukte bis auf 573° unter konstantem Drucke abgekühlt werden, so geben sie die Wärmemenge $fcbe = a_1egh = 5715$ Kalorien an den Dampfkesselinhalt ab. Dieser nimmt sie aber nicht bei der Temperatur von 573°, sondern bei der Temperatur von 456° auf. Verwandelt man das Rechteck a_1egh in das flächengleiche Rechteck a_1ikl, so stellt dieses die vom Dampfkessel aufgenommene Wärmemenge dar. Da der Flächeninhalt von a_1ikl gleich 5715 und $a_1i = 456$ ist, so ist die Strecke a_1l gleich 12,535 Längeneinheiten. Daß die Länge dieser Strecke zugleich ein Maß der Entropieänderung $S_b - S_a$ bildet, trifft für das betrachtete Beispiel nur deshalb zu, weil angenommen worden ist, daß die ganze von den Verbrennungsprodukten abgegebene Wärmemenge nutzbar als Verdampfungswärme auf den Kesselinhalt übertragen worden ist. Aus den Erhebungen praktischer Versuche kann man aber immer eine wesentliche Differenz der beiden Beträge feststellen. Diese Differenz erscheint hier nicht, weil von allen Wärmeverlusten abgesehen worden ist. Betrachtet man a_1 als Ursprung eines Koordinaten-Systems mit a_1b als Ordinatenachse und a_1l als Abszissenachse, so kann man diesen Teil der Fig. 9, mit dem Punkte k darin, auch als Entropiediagramm ansehen, in welchem der Punkt k den Zustand des Dampfkesselinhaltes und des neugebildeten Dampfes hinsichtlich des durch den Punkt i charakterisierten, vor der Verdampfung vorhandenen Normalzustandes des Dampfkesselinhaltes darstellt. Dann wäre Fig. 8 das Entropiediagramm für die Verbrennungsprodukte und Fig. 9, mit a_1 als Ursprung des Koordinaten-Systems, das Entropiediagramm des Dampfkesselinhaltes und des Dampfes. Ursprünglich, als Punkt b in Fig. 8 den Zustand der Verbrennungsprodukte charakterisierte, betrug die En-

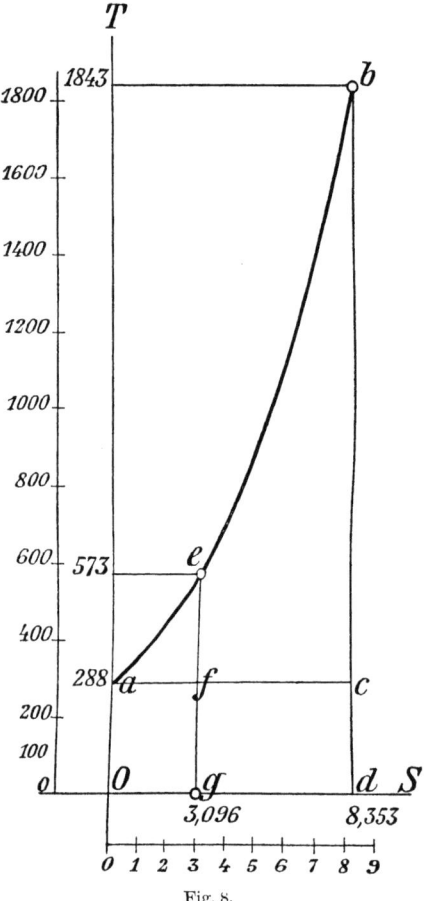

Fig. 8.

tropie der Verbrennungsprodukte 8,353, und die Entropie des Dampfkesselinhaltes war gleich Null. Als sich die Verbrennungsprodukte auf 573° abgekühlt hatten, betrug

Der Heizungsverlust. 59

ihre Entropie 3,096 und die Entropie des Dampfkesselinhaltes und des neugebildeten Dampfes 12,535; die Entropie des ganzen Systems:

$$3{,}096 + 12{,}535 = 15{,}631.$$

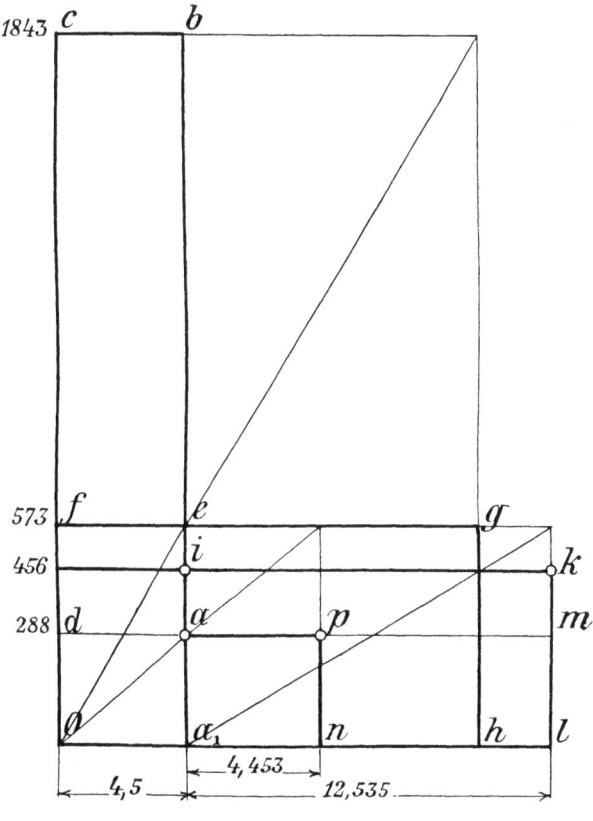

Fig. 9.

Daraus ergibt sich die Entropieänderung während der Zustandsänderung:

$$15{,}631 - 8{,}353 = 7{,}278.$$

Der Größenunterschied, welcher zwischen den Flächen $a_1 a m l$ (Fig. 9) und $gfcd$ (Fig. 8) besteht, stellt den durch die betrachtete Zustandsänderung bedingten Heizungsverlust von 2096 Kalorien dar.

Betrachtet man Fig. 9 wieder als Wärmemengendiagramm, in welchem die Fläche $a_1 i k l$ gleich der Fläche $fcbe$ ist, so erkennt man, daß bisher ein eigentlicher Wärme- und Energieverlust nicht stattgefunden hat. Ein solcher tritt erst ein, wenn man die Verbrennungsprodukte mit 573^0 aus der Anlage entweichen läßt, denn die Wärmemenge $dfea$, welche die Verbrennungsprodukte bei ihrer Abkühlung unter konstantem Drucke bis auf die Temperatur der Umgebung noch abgeben könnten, geht damit verloren. Um den dadurch entstehenden Arbeitsverlust kennen zu lernen, hat man festzustellen, welche Entropievermehrung mit dieser Zustandsänderung verbunden ist.

Wenn die Verbrennungsprodukte in die Umgebung abströmen, so findet zuerst ein Wärmeaustausch mit den nächstbesten, ihnen im Wege stehenden Körpern statt; diese, welche sich dabei erwärmt haben, geben ihre Wärme wieder durch Leitung und Strahlung an andere noch kalt gebliebene Körper ab, bis in dem großen Reservoir der Umgebung die Temperatur wieder auf das ursprüngliche Niveau gesunken ist. Im Wärmemengendiagramm Fig. 9 stellt sich der Vorgang so dar, daß die Verbrennungsprodukte die Wärmemenge $dfea$ abgeben, während die Umgebung die Wärmemenge $a_1 a p n$ aufnimmt. Sieht man nun wieder a_1 als Ursprung des Koordinatensystems für ein Entropiediagramm und den Punkt a als Normalzustand der Umgebung an, dann ist die Strecke $a_1 n$ ein Maß der Entropievermehrung

Der Essengasverlust. 61

der Umgebung. Da die Verbrennungsprodukte bei der Abkühlung unter konstantem Drucke

$$4,5\,(573-288) = 1282,5 \text{ Kalorien}$$

abgeben, ist die Strecke $a_1 n = 1282,5 : 288 = 4,453$ Längeneinheiten.

Da ferner die Entropie der Verbrennungsprodukte vor dieser Zustandsänderung 3,096 betrug, so ergibt sich die Entropievermehrung des Systems zu $4,453 - 3,096 = 1,357$ und der hierdurch bedingte Arbeitsverlust zu $1,357 \times 288 = 391$ Kalorien.

Die relative Größe dieses Arbeitsverlustes, welcher etwa E s s e n g a s v e r l u s t heißen mag, beträgt $5,6\,^0/_0$.

Von den ursprünglich verfügbaren 7000 Kalorien Heizwert bleiben somit in diesem Stadium nur mehr $2498 - 391 = 2107$ Kalorien oder rund $30\,^0/_0$ übrig, die durch eine periodisch wirkende Maschine als mechanische Arbeit hervorgebracht werden könnten.

Die kleine dreieckige Fläche aef in Fig. 8 ist ebensogroß als die Differenz der Flächen $a_1 apn$ in Fig. 9 und $Oafg$ in Fig. 8. Wenn aber die Lage des Punktes e aus den Erhebungen tatsächlicher Beobachtungen bestimmt wird, muß diese Übereinstimmung keineswegs vorhanden sein. Es ist schon früher erwähnt worden, daß die Spannung der gasförmigen Verbrennungsprodukte bei ihrem Weg durch die Rauchzüge nicht auf konstanter Höhe bleibt; sind aber die Spannungen in den Punkten b und e nicht gleicher Höhe, dann liegt der Punkt e überhaupt nicht auf der gezeichneten Kurve. Da die Linien im Entropiediagramm nicht den Verlauf tatsächlicher Vorgänge, sondern imaginärer Prozesse bedeuten, dürfen die von den Linien begrenzten Flächen auch nicht als Maße der ins Spiel tretenden Wärmemengen angesehen werden. Auch im folgenden Kapitel wird von diesem wesentlichen Unterschied zwischen Entropiediagrammen und Wärmediagrammen gesprochen werden müssen.

Sechstes Kapitel.

Der Speisungsverlust. — Der Speisungsaufwand. — Der thermodynamische Wirkungsgrad der Kesselanlage.

Bei der Berechnung des Heizungsverlustes ist angenommen worden, der ganze Kesselinhalt, Wasser und Dampf, habe die gleichmäßige Temperatur von 456^0 absolut. Da aber dem Dampfkessel fortwährend ebensoviel Speisewasser zugeführt werden muß, als Dampf aus dem Kessel abströmt, und das aus der Umgebung bezogene Wasser nur eine Temperatur von 15^0 C. hat, so kann die obige Annahme nur unter der Voraussetzung aufrecht erhalten bleiben, daß die Erwärmung des Speisewassers auf 183^0 C. im Inneren der Maschinenanlage auf irgend eine Art vorgenommen wird. Man könnte etwa die Essengase, die den Kessel mit 300^0 C. verlassen, bevor sie in die Atmosphäre entweichen, durch einen Economiser leiten oder man könnte von dem im Dampfkessel erzeugten Dampf einen Teil benützen, um die Vorwärmung des Speisewassers zu bewirken. Wenn der im Dampfkessel erzeugte Dampf zum Betriebe einer Auspuffmaschine benützt wird, so könnte der Auspuffdampf zur Vorwärmung verwendet werden, und hat man es mit einer Kondensationsmaschine zu tun, so kann entweder das Kondensat selbst oder erwärmtes Kühlwasser zur Kesselspeisung benützt werden. Je nach dem angewendeten Verfahren fallen die künftigen Arbeitsverluste verschieden aus.

Zunächst ist der Arbeitsverlust festzustellen, den die Erwärmung des Speisewassers überhaupt bedingt. Dabei sei vorläufig angenommen, daß zur Erwärmung ein Teil des im Kessel erzeugten Dampfes benützt werde. Zur Erwärmung von 1 kg Speisewasser von $15°$ C. auf die Dampftemperatur von $183°$ C. sind rund 168 Kalorien erforderlich. Diese Wärme könnte durch die Kondensation von $168:476 = 0{,}352$ kg Dampf geliefert werden. Das erwärmte Wasser und das entstandene Kondensat betragen dann zusammen 1,352 kg. Mit jedem Kilogramm frischen Speisewassers kehren 0,352 kg als Kondensat in den Kessel zurück; daher ist für 12 kg Dampf, der aus dem Kessel abströmt, eine Speisewasserzusatzmenge von $12:1{,}352 = 8{,}875$ kg erforderlich. Die in Vergleich zu ziehenden Zustände sind also:

vor der Erwärmung:
8,875 kg Wasser von $15°$ C. und 12 kg Dampf,

nach der Erwärmung:
8,875 kg Dampf und 12 kg Wasser von $183°$ C.

Bestimmt man die Werte der Entropie für diese beiden Zustände, so gibt ihre Differenz ein Maß des mit der Erwärmung des Speisewassers verbundenen Arbeitsverlustes.

Der Unterschied der Entropiewerte für 12 kg Dampf und 12 kg Wasser von $183°$ C. ist schon oben berechnet worden, er beträgt 12,535. Um den Unterschied der Entropie von 8,875 kg Dampf und von 8,875 kg Wasser von $15°$ C. zu finden, denke man sich den Dampf zuerst isothermisch unter Wärmeabfuhr bis zur völligen Verflüssigung bei 183° C. komprimiert und das entstandene Kondensat mit Hilfe zahlreicher Wärmereservoire auf 15° C. abgekühlt. Die während der Kompression abzuführende Wärmemenge beträgt:

$$8{,}875 \times 476 = 4224{,}5 \text{ Kalorien.}$$

Daher ist die Entropie von 8,875 kg Dampf, auf den Normalzustand von Wasser von 183° C. bezogen:

$$4224{,}5 : 456 = 9{,}264.$$

Die Entropie von 8,875 kg Wasser von 183° C., auf den Normalzustand von Wasser von 15° C. bezogen, beträgt, wenn die spezifische Wärme des Wassers gleich 1 gesetzt wird:

$$8{,}875 \log \text{nat} \frac{456}{288} = 4{,}078.$$

Daher ist die Entropie von 8,875 kg Dampf, auf den Normalzustand von Wasser von 15° C. bezogen:

$$9{,}264 + 4{,}078 = 13{,}342.$$

Die Entropievermehrung durch die Erwärmung des Speisewassers beträgt somit

$$13{,}342 - 12{,}535 = 0{,}807$$

und der damit verknüpfte Arbeitsverlust

$$0{,}807 \times 288 = 232{,}4 \text{ Kalorien.}$$

Man kann ihn **Speisungsverlust** nennen. Seine relative Größe beträgt $232{,}4 : 7000 = 0{,}0332$ oder $3{,}32\%$.

Von den ursprünglich verfügbaren 7000 Kalorien Heizwert bleiben somit in diesem Stadium nur mehr $2107 - 232 = 1875$ Kalorien oder 27% übrig, die durch eine periodisch wirkende Maschine als mechanische Arbeit hervorgebracht werden könnten.

Im Entropie-Diagramm, Fig. 10, charakterisieren die Punkte a, i, q und k die Zustände von Wasser und Dampf vor und nach der Erwärmung des Speisewassers, und zwar entsprechen die Punkte a und k den Zuständen vor der Erwärmung, die Punkte i und q den Zuständen nach der Erwärmung. Der durch die Speisewassererwärmung bedingte Arbeitsverlust wird durch den Unterschied der Flächen $Oavu$ und $rtsl$ anschaulich.

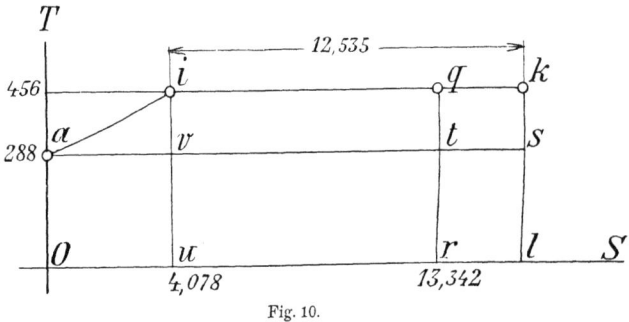

Fig. 10.

Obwohl in diesem Diagramm die Flächen $Oaiu$ und $rqkl$ gleich groß sind und der vom Speisewasser aufgenommenen Wärmemenge entsprechen, ist es auch hier nicht zulässig, den Verlauf der Linien ai und kq als Darstellungen der Zustandsänderungen des Speisewassers während der Erwärmung bezw. der Zustandsänderungen des Dampfes während der Kondensation anzusehen. Für das berechnete und in den Figuren dargestellte Beispiel ergeben sich die scheinbaren Übereinstimmungen nur deshalb, weil die Zustände, aus welchen die Lage der Punkte im Entropie-Diagramm berechnet wird, so angenommen sind, wie sie nur für

Der Speisungsverlust. 67

den idealen Grenzfall zutreffend sein können. Die Linien ai und kq stellen die Verläufe von idealen umkehrbaren Prozessen dar, die nur zu dem Zwecke ersonnen worden sind, die Längen der Abszissen der Punkte i und q zu finden oder die Entropie des Körpers aus den gegebenen Zustandskennzeichen zu berechnen. Es wäre freilich viel einfacher, ja sogar plausibler, die Vorgänge so darzustellen, als ob die Kondensation des Dampfes durch die Wanderung eines Punktes längs der Linie kq dargestellt ist, wobei der Dampf die Wärmemenge $lkqr$ an das Wasser abgibt, dessen Zustandsänderung während der Erwärmung durch die Wanderung eines Punktes von a nach i anschaulich gemacht würde, so daß die vom Wasser aufgenommene Wärme $Oaiu$ gleich der vom Dampf abgegebenen Wärmemenge $lkqr$ ist. Einer solchen Darstellung läge aber der Fundamentalirrtum zugrunde, daß sich wirklich Vorgänge nach dem Schema imaginärer umkehrbarer Zustandsänderungen abspielen, während von allen Möglichkeiten gerade diese ausgeschlossen ist. Die Linien, welche die in den beigedruckten Figuren dargestellten Entropie-Diagramme enthalten, bedeuten umkehrbare und daher unmögliche Prozesse, die Punkte hingegen entsprechen angenommenen und möglichen Zuständen der Körper.

Der Speisungsverlust muß nicht notwendigerweise stattfinden, wie folgende Erwägungen ergeben. Da über die Art der Maschine, in welcher der im Kessel erzeugte Dampf verwendet werden soll, noch gar keine Voraussetzung gemacht zu werden brauchte, so hat man in dieser Hinsicht noch alle Möglichkeiten offen.

5*

68   Sechstes Kapitel.

Bei der Bestimmung des Heizungsverlustes hat sich ergeben, daß durch die von den Verbrennungsprodukten auf den Dampfkesselinhalt übertragene Wärmemenge von 1 kg Brennstoff im besten Falle 12 kg Dampf aus Wasser von 183° C. erzeugt werden können. Führt man kaltes Speisewasser in den Kessel ein, so erhält man für je 1 kg Brennstoff nur 8,875 kg Dampf und der als Speisungsverlust bezeichnete Arbeitsverlust beträgt 232 Kalorien oder 3,32 % des Heizwertes der Kohle, weil die Erwärmung des Speisewassers auf die Dampftemperatur den Übergang der Wärme von höherer Temperatur zu niederer Temperatur erforderlich macht, ohne daß eine entsprechende Arbeitsleistung dabei gewonnen werden kann.

Nun ist aber ein anderes Verfahren der Speisewassererwärmung denkbar, welches auf folgender Überlegung beruht. Aus der Umgebung, welche ein unerschöpfliches Wärmereservoir niedriger Temperatur bildet, können beliebig große Wärmemengen entnommen werden und die Träger dieser Wärmemengen, das sind die Körper, mit welchen gearbeitet wird, durch Aufwand mechanischer Arbeit auf höhere Temperatur gebracht werden. Man könnte also beispielsweise einen Luftkompressor benützen, der atmosphärische Luft aus der Umgebung aufnimmt und sie auf hohe Spannung komprimiert, wobei die Wärme an Wasser abgegeben wird, das zur Kesselspeisung benützt wird. Dies wäre ein rohes Bild der zugrundeliegenden Idee, das Speisewasser durch Aufwand mechanischer Arbeit zu erwärmen. Betrachtet man als Normalzustand den Zustand von 1 kg Wasser bei 15° C., so beträgt die Energie von 1 kg Wasser von 183° C. ungefähr 168 Kalorien. Die

Der Speisungsaufwand. 69

Entropie mit Hinsicht auf denselben Normalzustand beträgt

$$S = \log \text{nat} \frac{456}{288} = 0{,}4595.$$

Die spezifische Wärme des Wassers ist hierbei gleich eins gesetzt worden, was streng genommen nicht richtig ist.[1]) Wenn also Wasser aus dem durch die Temperatur von 183° C. gekennzeichneten Zustand in den Zustand von 15° C. Temperatur übergehen soll, so müssen wenigstens $0{,}4595 \times 288 = 132$ Kalorien als Wärme abgeführt werden, und es können höchstens $168 - 132 = 36$ Kalorien als mechanische Arbeit gewonnen werden.

Wenn umgekehrt 1 kg Wasser durch mechanische Arbeit von 15° C. auf 183° C. erwärmt werden soll, so müssen wenigstens $36 \times 425 = 15\,300$ Kilogrammeter Arbeit aufgewendet werden.[2]) In Wirklichkeit wird

---

[1]) Auf die Durchführung der Rechnungen unter Berücksichtigung der Veränderlichkeit der spezifischen Wärme mit der Temperatur kommt es hier nicht an. Wer mit den genauesten Zifferwerten rechnen will, findet diese in den gebräuchlichen Dampftabellen.

[2]) Es mag auf den ersten Blick unbegreiflich erscheinen, wieso ein Aufwand von nur 36 Kalorien mechanischer Arbeit zur Erwärmung von Wasser von 15° C. auf 183° C. ausreichen sollte. Der Prozeß müßte folgendermaßen geleitet werden: Das zu erwärmende Wasser wird in einem Zylinder eingeschlossen, dessen Wände den Wärmeaustausch mit der Umgebung nach Bedarf bald gestatten, bald verhindern. Durch Vergrößerung des dem Wasser eingeräumten Volumens mittels eines beweglichen Kolbens wird hierauf bei stetem Wärmezufluß aus der Umgebung ein Teil des Wassers zur Verdampfung gebracht. Die absolute Arbeit dieser isothermischen Expansion beträgt

natürlich viel mehr Arbeit aufgewendet werden müssen. Im Grenzfalle stellt aber diese Arbeitsmenge den Minimalaufwand mechanischer Arbeit dar, welcher zur Erwärmung des Speisewassers auf die Dampftemperatur erforderlich ist.

Der Speisungsverlust ist alsdann vollständig vermieden, an dessen Stelle tritt der Speisungsaufwand, der aber keinen Arbeitsverlust mit sich bringt. Für das betrachtete Beispiel hat sich ergeben, daß bei der Einführung kalten Speisewassers in den Dampfkessel durch die von den Verbrennungsprodukten gelieferte Wärme für je 1 kg Brennstoff 8,875 kg Dampf von 11 Atm. Spannung erzeugt werden.

Die Entropie von 8,875 kg Dampf, auf den Normalzustand von Wasser bei 15° C. bezogen, beträgt 13,34 Entropieeinheiten. Beim Übergang in den Normalzustand müssen daher wenigstens $13{,}34 \times 288 = 3841$ Kalorien als Wärme abgeführt werden, und die höchstens zu gewinnende mechanische Arbeit beim Übergange in den Normalzustand ergibt sich aus dem Werte der Energie des Dampfes, wenn davon der als Wärme abzuführende Betrag abgezogen wird. Die Größe der Energie von 8,875 kg Dampf ist die algebraische Summe aller Arbeits- und Wärmemengen, die bei einem beliebig verlaufenden Übergange in den Normalzustand gewonnen werden. Wenn der Dampf durch Kompression bei

---

132 Kalorien. Hierauf wird der Wärmeaustausch mit der Umgebung unterbrochen und der vorhandene Dampf bis zu seiner gänzlichen Verflüssigung komprimiert, wozu ein Aufwand von 168 Kalorien absoluter mechanischer Arbeit erforderlich ist. Die Differenz zwischen aufgenommener und abgegebener mechanischer Arbeit beträgt somit 36 Kalorien.

Der Speisungsaufwand. 71

183° C. verflüssigt wird, so werden dabei 8,875 × 476 = 4224,5 Kalorien an Wärme frei. Die Größe der aufzuwendenden Kompressionsarbeit berechnet sich aus der Volumenverminderung, die für 1 kg Dampf 0,1797 cbm beträgt. Die Kompressionsarbeit bei 11 Atm. Spannung ist somit 19767 kgm oder 46,5 Kalorien und für 8,875 kg Dampf ergeben sich 413 Kalorien. Bei der Abkühlung des Kondensates auf 15° C. werden 8,875 × 168 = 1491 Kalorien abgegeben. Die Energie von 8,875 kg Dampf beträgt somit 4225 — 413 + 1491 = 5303 Kalorien und die maximale mechanische Arbeit, die beim Übergange in den Normalzustand gewonnen werden kann, beträgt 5303 — 3841 = 1462 Kalorien. Früher hat sich ergeben, daß nach Berücksichtigung des Speisungsverlustes höchstens 1875 Kalorien als mechanische Arbeit durch eine periodisch wirkende Maschine hervorgebracht werden können. Rechnet man zu den eben gefundenen 1462 Kalorien die Arbeit hinzu, welche während der Verdampfung geleistet wird und ebensogroß wie die Kompressionsarbeit von 413 Kalorien bei der Kondensation ist, so erhält man wie früher 1462 + 413 = 1875 Kalorien als maximal mögliche mechanische Arbeitsleistung.

Für das Arbeitsverfahren, welches den Speisungsverlust vermeidet, ergibt sich folgende Rechnung.

Durch die von den Verbrennungsprodukten auf den Dampfkesselinhalt übertragene Wärme werden 12 kg Wasser von 183° C. in Dampf von 11 Atm. Spannung verwandelt. Bezieht man wie früher alles auf den Normalzustand von Wasser bei 15° C., so ergibt sich die Entropie von 12 kg Dampf:

$$12{,}535 + 12 \log \mathrm{nat} \frac{456}{288} = 18{,}03.$$

Beim Übergang in den Normalzustand müßten somit wenigstens 18,03 × 288 = 5192 Kalorien als Wärme abgeführt werden. Die Energie von 12 kg Dampf ist die algebraische Summe von 12 × 476 = 5715 Kalorien an abzuführender Wärme während der Kondensation, von 12 × 46,5 = 558 Kalorien an aufzuwendender Kompressionsarbeit und von 12 × 168 = 2016 Kalorien an Wärme des Kondensates. Die Energie beträgt somit 7173 Kalorien, wovon beim Übergange in den Normalzustand höchstens 7173 — 5192 = 1981 Kalorien als mechanische Arbeit gewonnen werden können. Von diesen 1981 Kalorien Arbeit müssen 12 × 36 = 432 Kalorien an mechanischer Arbeit aufgewendet werden, um das Speisewasser von 15° C. auf 183° C. zu erwärmen, damit die von den Verbrennungsprodukten an den Kesselinhalt übertragene Wärmemenge genüge, 12 kg Wasser zu verdampfen.

Die nach Abzug des Speisungsaufwandes verbleibende mechanische Arbeit beträgt somit 1981 — 432 = 1549 Kalorien, wozu noch 558 Kalorien als geleistete mechanische Arbeit während der Verdampfung kommen. Dieses Verfahren ergibt daher als maximal mögliche Ausbeute an mechanischer Arbeit 1549 + 558 = 2107 Kalorien, derselbe Wert, wie er ohne Abzug des Speisungsverlustes erhalten wurde.

Daraus ist zu ersehen, daß der Speisungsverlust nicht unabhängig von dem Arbeitsverfahren der Dampfmaschine (im engeren Sinne genommen) ist, und daß demnach die Entwertung der verfügbaren Energie durch den Speisungsverlust nicht mehr dem Kessel-

Der thermodynamische Wirkungsgrad der Kesselanlage. 73

betriebe zuzuschreiben ist. Die unvermeidlichen Arbeitsverluste, welche mit dem Kesselbetriebe verbunden sind, beschränken sich somit auf den Verbrennungsverlust, den Heizungsverlust und den Essengasverlust. Für das betrachtete Beispiel ergaben sich

der Verbrennungsverlust mit . . . . . 34,4 %
der Heizungsverlust mit . . . . 29,9 %
der Essengasverlust mit . . . . 5,6 %
die Arbeitsverluste des Kesselbetriebes mit 69,9 %

des Heizwertes der Kohle. Da unter den angenommenen Verhältnissen die vollkommenste Maschine nicht mehr als 30 % des Heizwertes der Kohle als mechanische Arbeit hervorzubringen vermag, stellt sich der Wert 0,30 als der thermodynamische Wirkungsgrad der Kesselanlage dar, wenn diese als Einrichtung zur Erzeugung des in der Maschine verwendeten Arbeitsmediums betrachtet wird.

Ist die Arbeitsweise der Dampfmaschine derart, daß der Kessel mit kaltem Wasser gespeist werden muß, so ergibt sich infolge der Unvollkommenheit der Maschine ein Speisungsverlust, dessen Größe, wie an dem betrachteten Beispiel gezeigt wurde, zu berechnen ist. Ist aber die Maschine mit Einrichtungen versehen, die es möglich machen, dem Kessel Wasser von höherer Temperatur, als die der Umgebung ist, als Speisewasser zuzuführen, so wird der Speisungsverlust geringer. Der dafür erforderliche Speisungsaufwand bedingt keinen Arbeitsverlust.

Der Unterschied, der zwischen Speisungsverlust und Speisungsaufwand besteht, kann folgendermaßen erklärt werden. Wenn die von den Verbrennungsprodukten auf den Dampfkessel übertragene Wärme kaltes Speisewasser zu erwärmen und hierauf zu verdampfen hat, so kann im Kessel weniger Dampf erzeugt werden, als wenn das Speisewasser bereits auf die Dampftemperatur vorgewärmt in den Kessel eintritt. Auf den Normalzustand kalten Speisewassers bezogen, ist die Energie der größeren Dampfmenge, die bei der Verwendung heißen Speisewassers erzeugt werden kann, beträchtlich größer als die Energie der kleineren Dampfmenge, die aus kaltem Speisewasser erzeugt werden kann. Ebenso ist die maximale Arbeit, welche die größere Dampfmenge beim Übergange in den Zustand von Wasser der Dampftemperatur abzugeben vermag, größer als die maximale Arbeit, welche die kleinere Dampfmenge beim Übergange in den Normalzustand kalten Speisewassers leisten kann. Man kann daher auf einen Teil des Arbeitsüberschusses verzichten und dadurch den Speisungsverlust vermeiden.

Bei den industriellen Dampfmaschinen, welche das Speisewasser, im Falle einer Kondensationsmaschine mit ungefähr 35^0 C. oder im Falle einer Auspuffmaschine mit Vorwärmer etwa mit 90^0 C. zur Kesselspeisung liefern, tritt bei verhältnismäßig geringem Speiseaufwand noch ein beträchtlicher Speiseverlust auf.

Siebentes Kapitel.
Die graphische Dampftafel. — Der Drosselverlust. — Der Reibungsverlust.

Bei der Beurteilung der Arbeitsverluste, die durch das Arbeitsverfahren einer Kolbendampfmaschine oder einer Dampfturbine bedingt sind, ist es zweckmäßig, in das Temperatur-Entropiediagramm zuerst zwei Kurven einzuzeichnen, deren eine die Punkte verbindet, welche den Zustand tropfbar flüssigen Wassers charakterisieren, während die andere Kurve für trockenen, gesättigten Dampf gilt. In Fig. 11, welche für 1 kg Wasser oder Dampf gilt, sind diese beiden Kurven, W und D, eingezeichnet, wobei als Normalzustand der Zustand von 1 kg Wasser bei 0^0 C. angenommen ist. Soll das Diagramm für einen anderen Normalzustand gelten, so ist das Achsenkreuz in horizontalem Sinne so weit zu verschieben, daß die Ordinatenaxe durch den Punkt geht, welcher den gewählten Normalzustand kennzeichnet.

Die Aufzeichnung der beiden Kurven gewährt den Vorteil, aus der Lage der Punkte sofort über das Wesen des Zustandes, in dem sich der Dampf befindet, orientiert zu sein. Ein Punkt auf der Linie W gilt für tropfbar flüssiges Wasser, ein Punkt auf der Linie D für trockenen, gesättigten Dampf, ein Punkt zwischen W

und *D* für ein Gemisch aus Wasser und Dampf, ein Punkt rechts von der Linie *D* für überhitzten Dampf.

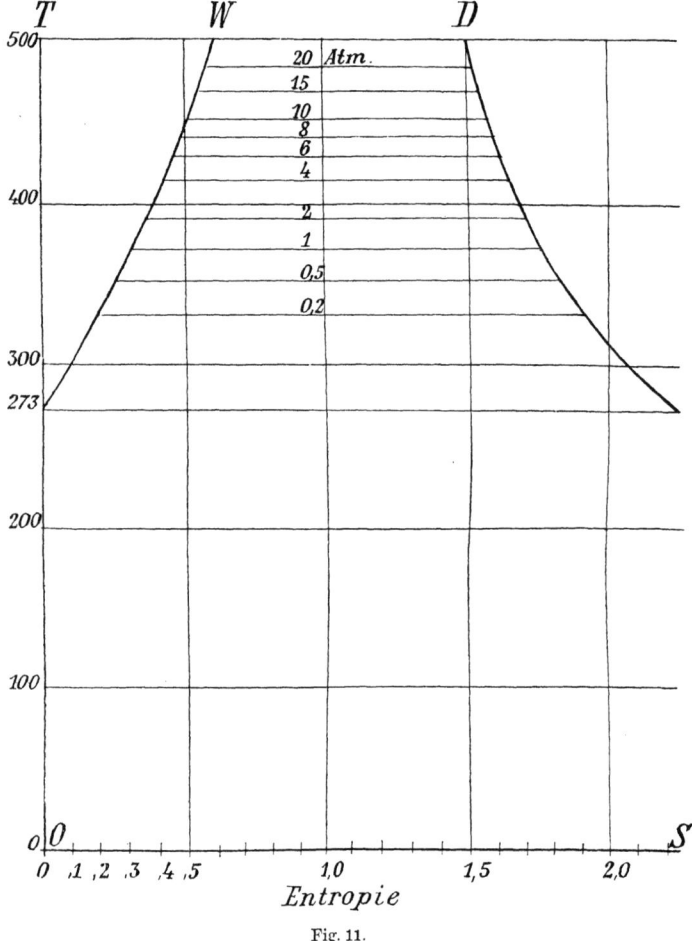

Fig. 11.

Der geometrische Ort der einzelnen Punkte der Linien *W* und *D* ergibt sich folgendermaßen. Die Punkte der Linie *W* haben die absolute Temperatur zu Ordinaten und die Entropie flüssigen Wassers, auf den Normalzustand von 0° C. bezogen, zu Abszissen. Die Länge der Abszisse des Punktes, der den Zustand von 1 kg flüssigen Wassers bei T Grad absoluter Temperatur in diesem Temperatur-Entropie-Diagramm kennzeichnet, hat somit die Länge

$$S' = \int \frac{c\,dT}{T},$$

worin c die spezifische Wärme des Wassers bei T Grad absoluter Temperatur bedeutet. Wäre die Temperatur in Celsius-Graden gleich t, so ist

$$c = 1 + 0{,}00004\,t + 0{,}0000009\,t^2.$$

Auf die absolute Temperatur $T = 273 + t$ umgerechnet, ergibt sich

$$c = 1{,}056156 - 0{,}00045\,T + 0{,}0000009\,T^2.$$

Führt man diesen Wert in den Ausdruck für S' ein und integriert zwischen den Grenzen $T = 273$ und $T = T$, so erhält man

$$S' = 1{,}05616 \log \text{nat}\, T - 0{,}00045\,T + 0{,}00000045\,T^2 - 5{,}83516.$$

Die Abszissen der einzelnen Punkte der Linie D sind

$$S'' = S' + \frac{r}{T},$$

worin r die Verdampfungswärme des Wassers bedeutet.

Die nachstehende Tabelle von Fliegner-Connert enthält die ausgerechneten Werte für die Spannungen von 0,5 bis 15 Atmosphären.

Siebentes Kapitel.

Atm. kg/qcm	Temperatur		Entropie		Flüssig-keits-wärme q	Erzeu-gungs-wärme λ	Volumen von 1 kg Dpf. cbm
	Absolut	Celsius	des Wassers S'	des Dampfes S''			
0,5	353,9	80,9	0,2604	1,8145	81,2	631,2	3,272
1	372,1	99,1	0,3111	1,7547	99,6	636,7	1,702
1,5	383,8	110,8	0,3424	1,7205	111,4	640,3	1,162
2	392,6	119,6	0,3655	1,6967	120,4	643,0	0,887
2,5	399,7	126,7	0,3839	1,6775	127,7	645,2	0,7190
3	405,8	132,8	0,3993	1,6638	133,9	647,0	0,6058
3,5	411,1	138,1	0,4125	1,6515	139,3	648,6	0,5242
4	415,8	142,8	0,4242	1,6410	144,1	650,1	0,4624
4,5	420,1	147,1	0,4347	1,6318	148,5	651,4	0,4140
5	424,0	151,0	0,4442	1,6236	152,5	652,6	0,3750
5,5	427,6	154,6	0,4529	1,6163	156,2	653,7	0,3429
6	430,9	157,9	0,4609	1,6097	159,6	654,7	0,3160
6,5	434,1	161,1	0,4683	1,6035	162,9	655,6	0,2932
7	437,1	164,0	0,4753	1,5980	165,9	656,5	0,2735
7,5	439,8	166,8	0,4819	1,5929	168,8	657,4	0,2563
8	442,5	169,5	0,4881	1,5881	171,5	658,2	0,2413
8,5	445,0	172,0	0,4939	1,5835	174,1	659,0	0,2279
9	447,4	174,4	0,4995	1,5794	176,6	659,7	0,2160
9,5	449,7	176,7	0,5048	1,5754	179,0	660,4	0,2053
10	451,9	178,9	0,5099	1,5717	181,2	661,1	0,1957
10,5	454,0	181,0	0,5147	1,5681	183,4	661,7	0,1869
11	456,0	183,0	0,5194	1,5648	185,6	662,3	0,1789
11,5	458,0	185,0	0,5239	1,5617	187,6	662,9	0,1716
12	459,9	186,9	0,5282	1,5586	189,6	663,5	0,1649
12,5	461,8	188,8	0,5323	1,5557	191,5	664,1	0,1587
13	463,6	190,6	0,5364	1,5530	193,4	664,6	0,1530
13,5	465,3	192,3	0,5403	1,5503	195,2	665,2	0,1476
14	467,0	194,0	0,5440	1,5477	196,9	665,7	0,1427
14,5	468,6	195,6	0,5477	1,5453	198,7	666,2	0,1380
15	470,2	197,2	0,5513	1,5430	200,3	666,7	0,1337

Dieser Tabelle ist die Regnaultsche Formel für die Erzeugungswärme (Gesammtwärme) des Dampfes aus Wasser von $0°$ C., d. i. $\lambda = 606{,}5 + 0{,}305\,t$, die Regnaultsche Formel für die Flüssigkeitswärme

Die graphische Dampftafel. 79

$$q = \int c\, dT = t + 0{,}00002\, t^2 + 0{,}0000003\, t^3$$

und der Wert des mechanischen Wärmeäquivalents $A = 1/424$ zugrunde gelegt[1]).

Da die Spannung des feuchten und gesättigten Dampfes durch die Temperatur bestimmt ist, kann zwischen W und D auch eine Spannungsskala angelegt werden, wie dies in Fig. 11 durch die horizontalen Linien angedeutet ist.[2])

Um die Betrachtung an der Hand des gewählten Beispieles weiterführen zu können, ist zunächst eine Annahme über die Arbeitsweise der Dampfmaschine notwendig. Es sei deshalb die Voraussetzung gemacht, man hätte es mit einer Einzylinder-Kondensationsmaschine zu tun, aus deren Oberflächenkondensator das Kondensat mit 40° C. in den Kessel zurückbefördert wird. Diese Angaben genügen, um den Speiseaufwand und Speiseverlust zu berechnen.

Zur Erzeugung von 1 kg Dampf von 11 Atm. Spannung aus Speisewasser von 40° C. sind rund 620 Kalorien erforderlich. Die 5715 Kalorien, die von den Verbrennungsprodukten auf den Dampfkesselinhalt übertragen werden, genügen somit zur Erzeugung von höchstens 9,22 kg Dampf. Die Entropie von 1 kg Dampf, auf den Normalzustand von 1 kg Wasser bei 40° C. bezogen, beträgt 1,428, daher von 9,22 kg 13,166.

[1]) Vor kurzem erschienen neue Dampftabellen, die von Dr. R. Mollier nach der Callendarschen Zustandsgleichung für Wasserdampf berechnet worden sind, wobei der Wert des mechanischen Wärmeäquivalents mit $A = 1/427$ angesetzt wurde.

[2]) Näheres über die Konstruktion und die praktische Anwendung einer solchen graphischen Dampftafel findet sich in Krauss, Kalorimetrie der Dampfmaschinen. Berlin 1897.

80 Siebentes Kapitel.

Der Entropiezuwachs durch die Einführung kalten Speisewassers beträgt somit

$$13{,}166 - 12{,}535 = 0{,}631$$

und der Speiseverlust $0{,}631 \times 288 = 182$ Kalorien oder 26% des Heizwertes der Kohle. Auf den Normalzustand von Wasser von 15^0 C. bezogen, beträgt die Energie von 1 kg Wasser von 40^0 C. 25 Kalorien und die Entropie 0,083. Daraus ergibt sich der Speiseaufwand für 9,22 kg zu:

$$9{,}22\,(25 - 0{,}083 \times 288) = 11 \text{ Kalorien.}$$

Dies bedeutet, daß die Ausbeute an mechanischer Arbeit um 11 Kalorien größer sein könnte, wenn der Arbeitsprozeß den Dampf schließlich in den Zustand von Wasser von 15^0 C., statt von 40^0 C., zurückführte. Da aber dann nur Wasser von 15^0 C. für die Speisung des Kessels verfügbar bliebe, würde der Speisungsverlust, wie früher berechnet, 232 Kalorien betragen.

Bei der Verdampfung des Wassers unter konstantem Druck wird mechanische Arbeit geleistet, deren Größe durch das Produkt der Maßzahlen von Druck und Volumsvergrößerung angegeben wird. Da der Unterschied des Volumens von 1 kg Dampf von 11 Atm. Spannung und von 1 kg Wasser von 183^0 C. 0,177 cbm beträgt, so ergibt sich die bei der Verdampfung unter dem konstanten Druck von 11 Atm. geleistete mechanische Arbeit mit 19569 kgm oder 46,1 Kalorien. Damit diese mechanische Arbeit wirklich gewonnen werde, ist es erforderlich, daß der Dampf tatsächlich den Druck von 11 Atm. auf den Kolben der Dampfmaschine ausübe. In Wirklichkeit ist es unmöglich, daß der Druck, welchen

Der Drosselverlust.

der Dampf während der Admissionsperiode auf den Kolben der Dampfmaschine ausübt, genau die Höhe der Spannung des Dampfes im Kessel erreicht, denn es muß Arbeit aufgewendet werden, um dem Dampf die Geschwindigkeit zu erteilen, mit welcher er durch die Rohrleitung strömt, und um die Hindernisse zu überwinden, welche sich seiner Bewegung durch die Rohrleitung vom Dampfkessel zur Maschine entgegenstellen. Die Wärmeverluste, welche durch Leitung und Strahlung der Rohrleitung stattfinden, bleiben hier vollständig unberücksichtigt, weil sie durch geeignete Wärmeschutzmittel auf ein beliebig kleines Maß reduziert werden können; auch ist es für den Arbeitsprozeß der Dampfmaschinen ganz unwesentlich, ob zwischen der Rohrleitung und ihrer Umgebung irgend ein Wärmeaustausch stattfindet[1]).

Zwischen der Dampfspannuug im Kessel und der Spannung des Dampfes im Zylinder der Maschine während der Einströmungsperiode besteht also ein bestimmter Unterschied. Im allgemeinen kann angenommen werden, daß die Geschwindigkeit des Dampfes beim Passieren der Rohrleitung und durch die Steuerungskanäle größer als die Kolbengeschwindigkeit während der Admissionsperiode ist. Die kinetische Energie des aus den Steuerungskanälen in den Zylinder einströmenden Dampfes wird somit zum großen Teile durch innere Reibung und Stoßwirkung in Wärme zurückverwandelt. Auch der durch Reibung an den Wänden

---

[1]) Einen besonderen Fall stellt die Dampfüberhitzung vor, bei welcher an einer besonderen Stelle der zu einem Überhitzungsapparat geformten Rohrleitung dem strömenden Dampf Wärme zugeführt wird.

Siebentes Kapitel.

der Rohrleitung aufgezehrte Teilbetrag der Strömungsenergie fließt in den Dampfkörper als Wärme zurück, so daß kein Energieverlust zustande kommt. Die Energie des aus dem Kessel abströmenden Dampfes ist ebenso groß wie die Energie des in die Maschine eintretenden Dampfes, nur eine Druckdifferenz ist vorhanden. Die Zustandsänderung, welche durch diese Druckdifferenz gekennzeichnet wird, bringt einen Arbeitsverlust hervor, der aus der Differenz der Entropiewerte zu berechnen ist. Für einen Druckabfall von 11 auf 10,5 Atm. ergibt sich folgende Rechnung, wobei die Entropiewerte der auf Seite 78 verzeichneten Dampftabelle entnommen sind, die als Normalzustand Wasser von 0^0 C. zur Voraussetzung hat. Da es nur auf die Differenzen ankommt, ist die Wahl des Normalzustandes gleichgültig

Entropie von 1 kg Dampf von 11 Atm. . . . 1,5648
- - 1 kg - - 10,5 - . . 1,5681
Differenz 0,0033

Die Energie von 1 kg Dampf von 11 Atm. beträgt 616,2 Kalorien und die Energie von 1 kg Dampf von 10,5 Atm. 615,7 Kalorien; die Differenz von 0,5 Kalorien erscheint als Überhitzung des Dampfes um ungefähr $1,3^0$ C., wenn die spezifische Wärme des Dampfes bei konstantem Volumen mit 0,37 angenommen wird. Die Temperatur des Dampfes von 10,5 Atm. wird somit um $1,3^0$ C. höher als die Sättigungstemperatur (181^0) sein, also $182,3^0$ C. betragen. Der Entropiezuwachs infolge der Überhitzung beträgt:

$$0,48 \log \text{nat} \frac{455,3}{454} = 0,0014,$$

Der Reibungsverlust.

worin 0,48 als spezifische Wärme des überhitzten Dampfes bei konstantem Druck gesetzt ist. Der Gesamtzuwachs der Entropie für 1 kg Dampf ist somit

$$0,0033 + 0,0014 = 0,0047$$

und für 9,22 kg Dampf des gewählten Beispieles 0,0433 Entropieeinheiten. Der Arbeitsverlust durch den Druckabfall, der Drosselverlust, beträgt demnach $0,0433 \times 288 = 12,5$ Kalorien oder ungefähr $0,18\,^0/_0$ des Heizwertes der Kohle.

Bei den Dampfturbinen, welche nach dem Gleichdruckprinzipe als Aktionsturbinen mit nur einer Druckstufe arbeiten, wird durch die am Ende der Rohrleitung angebrachte Düse die Drosselung des Dampfes so weit getrieben, daß der Druckabfall bis zur Kondensatorspannung vor sich geht; die kinetische Energie des Dampfstrahles wird aber nicht in Wärme zurückverwandelt, sondern dem Laufrad als mechanische Arbeit entnommen. Nur was durch Reibung in Düse und Laufrad an kinetischer Energie verloren geht und als Wärme in den Dampfkörper zurückfließt, bringt in der Turbine einen Entropiezuwachs hervor, mit dem ein entsprechender Arbeitsverlust verbunden ist.

Dieser in den Turbinen stattfindende Arbeitsverlust kann als Reibungsverlust betrachtet werden, wohingegen als Drosselverlust der Arbeitsverlust anzusehen ist, welcher dem Entropiezuwachs auf der Strecke zwischen Kessel und Düse entspricht. Da die Regulatoren der Dampfturbinen auf Drosselventile wirken, ist der Druckabfall zwischen Kessel und Düsen meist ziemlich bedeutend und der Drosselverlust bei schwacher Belastung entsprechend hoch.

Vollkommen scharf können weder die Begriffe noch die Beträge von Drossel- und Reibungsverlust auseinandergehalten werden, weil bei der Drosselung ebensowohl mechanische Reibung an den Rohr- und Gefäßwänden, als innere Reibung des Arbeitsmittels ins Spiel kommt. Wenn bei einer Kolbendampfmaschine die durch Reibung des Kolbens an der Zylinderwand hervorgebrachte Wärme durch Leitung und Strahlung der Zylinderwand vollständig auf den arbeitenden Dampfkörper übertragen wird, so kommt, ohne Wärmeverlust, ein Arbeitsverlust zustande, der als reiner Reibungsverlust zu betrachten ist.

Achtes Kapitel.
Der Initialverlust. — Der Rückströmungsverlust.

Während der Admissionsperiode spielen sich im Zylinder der Kolbendampfmaschine die Vorgänge der Initialkondensation ab. Von der Wärme des in den Zylinder einströmenden Dampfes geht ein Teil in das Material der Zylinderwand über, die dadurch an ihrer inneren Oberfläche nahezu bis auf die Temperatur des einströmenden Dampfes erwärmt wird. Dieser Übergang der Wärme von der hohen Temperatur des Dampfes auf die niedrigere der Zylinderwand bringt einen Entropiezuwachs des Systems hervor, als welches jetzt die Wärmeträger Dampf und Zylinderwand in Betracht zu ziehen sind. Für die Beurteilung des durch diese Vorgänge bedingten Arbeitsverlustes ist es gleichgültig, ob die während der Admission in den Zylinderwänden aufgespeicherte Wärme in den nachfolgenden Perioden der Expansion und Ausströmung in den Dampfkörper zurückfließt oder etwa durch Leitung und Strahlung des Zylinderkörpers in die Umgebung abströmt. Der Übergang von Wärme des Admissionsdampfes auf die Zylinderwandung bedingt an und für sich einen Arbeitsverlust, von dem gar nichts mehr zurückgewonnen werden kann, selbst wenn die ganze dabei in das Material der Wandung überführte Wärme späterhin und

86   Achtes Kapitel.

noch während der Expansionsperiode in den Dampf zurückfließt, so daß keine Wärme verloren geht. Findet die vollständige Nachverdampfung des initial niedergeschlagenen Wassers nicht während der Expansionsperiode, sondern zum Teil erst während der Ausströmung statt, so entsteht dadurch ein weiterer Arbeitsverlust, der aber zunächst nicht mit dem Initialkondensationsverlust zusammenhängt. Ebenso bilden die Wärmeverluste durch Leitung und Strahlung des Zylinderkörpers besondere Verluste, denen durch gute Isolierung des Zylinders begegnet werden kann. Diese Leitungs- und Strahlungsverluste bleiben hier vollständig unberücksichtigt.

Unter dem Initialverlust ist lediglich der Arbeitsverlust zu verstehen, der durch den Übergang von Wärme aus dem Admissionsdampf in die Zylinderwand hervorgebracht wird. Unmittelbar vor Beginn der Einströmung haben die dem einströmenden Dampf später dargebotenen Oberflächen des Kolbens, Zylinderdeckels und Zylindermantels ungefähr die Temperatur des Abdampfes der Maschine und während der Einströmungsperiode erwärmen sich die oberflächlichen Materialschichten bis nahezu auf die Temperatur des einströmenden Dampfes. In den tiefer liegenden Materialschichten ist das Spiel der Temperaturen weniger bedeutend. Man kann aber zur Vereinfachung der Überlegung annehmen, daß eine Schichte ganz bestimmter Stärke das volle Spiel der Temperaturen mitmacht, während die übrigen Schichten ihre Temperaturen nicht ändern. Wenn γ die Wärmekapazität dieser angenommenen Materialschicht ist, welche während der Einströmungsperiode von 40^0 C. auf 181^0 C. erwärmt wird, so ver-

Der Initialverlust.

größert sich die Entropie dieser Materialschicht durch die Erwärmung um den Betrag:

$$s = \gamma \log \operatorname{nat} \frac{454}{313}.$$

Die von der Materialschicht aufgenommene Wärmemenge beträgt γ (181—40) Kalorien und wird durch die Kondensation einer entsprechenden Menge des einströmenden Dampfes erbracht. Bei hoch überhitztem Dampfe findet bloß eine Abkühlung des Dampfes, aber keine Kondensation statt. Je nach den Abmessungen des Zylinders, der Kolbengeschwindigkeit und sonstigen Verhältnissen ist die Menge des initial kondensierten Dampfes bei den einzelnen Maschinen sehr verschieden. Für den Fall des hier betrachteten Beispieles sei angenommen, daß während der Admission von je 9,22 kg einströmenden Dampfes 2,02 kg Dampf kondensiert werden, so daß, wenn 9,22 kg Dampf einer Zylinderfüllung entprechen, sich zu Ende der Admission 7,2 kg Dampf und 2,02 kg Wasser im Zylinder befinden. Da die Verdampfungs- oder Kondensationswärme[1]) von 1 kg Dampf von 10,5 Atm. 478 Kalorien ist, so beträgt die Wärmemenge, welche durch die Kondensation auf das Material der Zylinderwand übertragen wurde, $2{,}02 \times 478$ = 965 Kalorien. Da der Admissionsdampf aber noch um 1,3° C. überhitzt war, so ist die an die Zylinderwand übertragene Wärmemenge noch um $9{,}22 \times 0{,}48 \times 1{,}3$ = 5,8 Kalorien größer und beträgt rund 971 Kalorien. Aus der Beziehung 971 = γ (181 — 40) ergibt sich die Wärmekapazität der imaginären Materialschicht, die das

---

[1]) Die Verdampfungs- oder Kondensationswärme ergibt sich aus der Differenz der Werte von λ und q in der Dampftabelle.

88 Achtes Kapitel.

volle Spiel der Temperaturänderung erleidet, mit $\gamma = 6{,}9$. Daher beträgt der Zuwachs der Entropie dieser Materialschicht:

$$s = 6{,}9 \log \mathrm{nat} \frac{454}{313} = 2{,}565.$$

Die Entropie von 7,2 kg Dampf und 2,02 kg Wasser von 181° C. beträgt, auf den Normalzustand von 40° C. bezogen,

$$9{,}22 \times 0{,}378 + 7{,}2 \times 1{,}053 = 11{,}067.$$

Die Entropie des aus dem Kessel ausströmenden Dampfes hat, wie oben berechnet, 13,166 betragen und wurde durch den Druckabfall auf 13,209 vergrößert. Somit ergibt sich der durch die Initialkondensation hervorgebrachte Entropiezuwachs mit

$$11{,}067 + 2{,}565 - 13{,}209 = 0{,}423 \text{ Entropieeinheiten.}$$

Der Initialverlust beträgt daher

$$0{,}423 \times 288 = 122 \text{ Kalorien}$$

oder 1,74 % des Heizwertes der Kohle.

Es ist leicht einzusehen, daß die während der Admissionsperiode in den Zylinderwänden aufgespeicherte Wärme während der Expansion und Ausströmung wieder in den Dampf zurückfließen muß, wenn man von der nach außen, durch Strahlung und Leitung verlorenen Wärmemenge absieht. Denn wäre es nicht so, so müßte der Zylinder von Hub zu Hub entweder immer heißer und heißer oder immer kälter und kälter werden.

Wenn die Wärme, welche bei der Initialkondensation in die Zylinderwandung übergegangen ist, während der Expansionsperiode wieder vollständig

Der Initialverlust. 89

in den expandierenden Dampfkörper zurückfließt, so ist durch die Initialkondensation zwar kein Wärmeverlust hervorgebracht worden, doch bleibt der als Initialverlust bezeichnete Arbeitsverlust in seinem vollen Betrage aufrecht. Damit die ganze in den Zylinderwandungen aufgespeicherte Wärme der Initialkondensation in den Dampfkörper während der Expansion zurückfließen kann, müßte diese bis zur Höhe des Gegendruckes ausgedehnt werden. Auch müßte die Expansion sehr langsam erfolgen, damit bei den geringen Temperaturdifferenzen die Wärme genügend Zeit findet, aus der Zylinderwandung herauszuströmen. Wenn diesen Bedingungen entsprochen ist, dann gelangt die Zylinderwand zu Ende der Expansion in den Zustand zurück, den sie vor Beginn der Einströmung hatte, und der durch die Initialkondensation bewirkte Entropiezuwachs ist auf den Dampfkörper übergegangen. Die Temperatur des expandierten Dampfes beträgt in dem Falle des gewählten Beispieles 40° C. und die Entropie 13,632. Diese Werte bestimmen den Zustand des Dampfes. Da die Entropie für 9,22 kg Dampf gilt, so ergibt sich für 1 kg Dampf 1,479 Entropieeinheiten, auf den Normalzustand von Wasser von 40° C. bezogen. Die Entropie von 1 kg trockenen gesättigten Dampfes derselben Temperatur, auf denselben Normalzustand bezogen, beträgt 1,850, und es ergibt sich, daß von 1 kg Dampfzylinderinhalt nur $1{,}479 : 1{,}850 = 0{,}8$ kg in Dampfform und 0,2 kg als Wasser vorhanden sein können. Von dem ganzen Inhalte von 9,22 kg wären also zu Ende der Expansion 1,84 kg in der Form von Wasser und 7,38 kg in der Form von Dampf vorhanden.

90   Achtes Kapitel.

Im Temperatur-Entropiediagramm, Fig. 12, sind der Speisungsverlust, der Drosselverlust und der Initial-

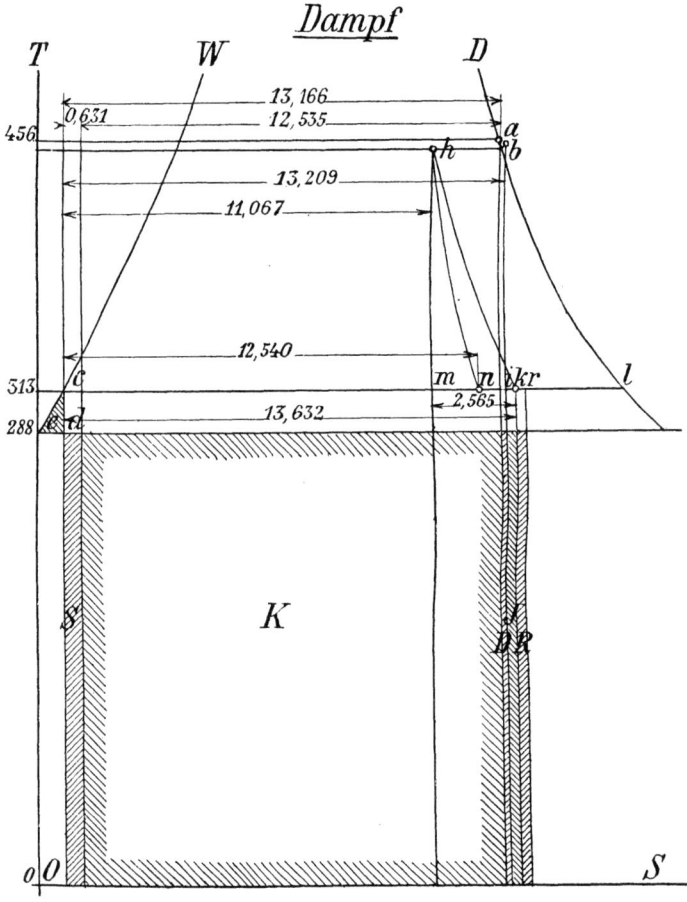

Fig. 12.

verlust eingetragen. Die Linien W und D gelten für 9,22 kg Dampf, auf den Normalzustand von Wasser bei 15° C. oder 288° absoluter Temperatur bezogen. Punkt

Der Initialverlust. 91

a kennzeichnet den Zustand von 9,22 kg trockenen, gesättigten Dampfes von 11 Atm. absoluter Spannung; Punkt c den Zustand von 9,22 kg Wasser bei 40° C. Der Entropiezuwachs durch die Einführung des Speisewassers von 40° C. beträgt 0,631 Entropieeinheiten und der Speisungsverlust wird durch die schraffierte Fläche S dargestellt. Die kleine dreieckige Fläche cde stellt den Speisungsaufwand dar. Punkt b kennzeichnet den Zustand des Dampfes bei 10,5 Atm. Spannung. Da der Dampf um 1,3° C. überhitzt ist, liegt Punkt b im Überhitzungsgebiete rechts von der D-Linie. Der Entropiezuwachs durch den Druckabfall beträgt 0,0433 Entropie-Einheiten, und der Drosselverlust wird durch die schmale, schraffierte Fläche D dargestellt. Um den Initialverlust darzustellen, ist in Fig. 13 das Temperatur-Entropiediagramm der Zylinderwand aufgezeichnet. Punkt f kennzeichnet den Zustand der Zylinderwand unmittelbar vor der Admission, wobei die imaginäre Materialsschicht eine Temperatur von 40° C. hat. Punkt b und f gelten daher für gleichzeitige Zustände von Dampf und Zylinderwand. Im Verlaufe der Einströmung des Dampfes in den Zylinder erwärmt sich die Zylinderwand auf 181° C., während

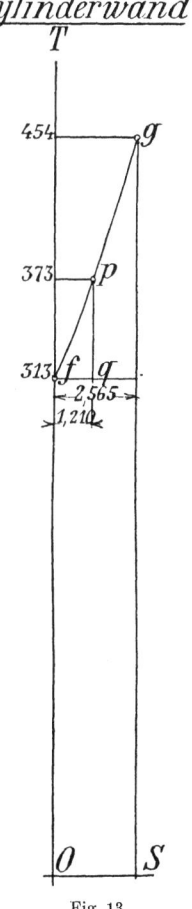

Fig. 13.

2,02 kg Dampf kondensieren. Die Entropie der Zylinderwand vergrößert sich daher um 2,565 Entropieeinheiten, und der neue Zustand der Zylinderwand wird durch den Punkt g charakterisiert. Der Zustand des Dampfes nach erfolgter Initialkondensation wird durch den Punkt h gekennzeichnet. Die Punkte h und g entsprechen daher wieder gleichzeitigen Zuständen. Der Entropiezuwachs ergibt sich somit aus der Summe der Entropiewerte für die Punkte h und g, weniger dem Entropiewerte des Punktes b. Dieser Zuwachs ist durch die Strecke ik und der Initialverlust durch die schraffierte Fläche J dargestellt. Wenn die Wärme, welche bei der Initialkondensation in die Zylinderwandung übergegangen ist, während der Expansion wieder vollständig in den Dampfkörper zurückfließt, wobei es erforderlich ist, daß der Dampf bis zur Temperatur von 40° C. expandiert, so stellt Punkt k den Zustand des Dampfes zu Ende der Expansionsperiode vor. Das Verhältnis der Wasser- und Dampfmengen im Zylinder oder der Feuchtigkeitsgehalt des Dampfes zu Ende der Expansion wird durch das Verhältnis der Strecken kl zu cl angegeben. Die Punkte k und f entsprechen wieder den gleichzeitigen Zuständen des Dampfes und der Zylinderwand zu Ende der Expansion. Die große, nur teilweise schraffierte Fläche K des Diagrammes entspricht dem Heizungsverluste und einem Teile des Verbrennungsverlustes beim Kesselbetriebe.

Der übrige Teil des Verbrennungsverlustes und der Essengasverlust erscheint in dem Temperatur-Entropiediagramm der Verbrennungsprodukte, wie es in Fig. 8 auf Seite 58 aufgezeichnet ist.

Damit die ganze, während der Initialkondensation

auf die Zylinderwand übertragene Wärme wieder in den expandierenden Dampfkörper zurückfließe, ist es nicht nur erforderlich, daß die Expansion bis zur Höhe des Gegendruckes ausgedehnt werde, sondern sie müßte auch so langsam erfolgen, daß zwischen Dampf- und Zylinderwand keine Temperaturdifferenzen zustande kommen können. Diese Bedingung ist von besonderer Wichtigkeit. Der Grund des Initialverlustes liegt darin, daß bei der Admission infolge der Temperaturdifferenz zwischen dem einströmenden Dampf und der Zylinderwand ein Wärmeaustausch und ein Temperaturausgleich stattfindet. Wenn nun die folgende Expansion des Dampfes so langsam vor sich geht, daß zwischen der sich abkühlenden Zylinderwand und dem expandierenden Dampfe keine Temperaturdifferenz zustande kommt, so findet die Rückströmung der Wärme in den Dampfkörper ohne ferneren Entropiezuwachs des Systemes und somit ohne neuerlichen Arbeitsverlust statt. Für den Zustand, welchen die Punkte h und g der Diagramme Fig. 12 und 13 kennzeichnen, ergibt sich derselbe Entropiewert wie für den Zustand, der durch die Punkte k und f gekennzeichnet wird. Findet während der Expansion gar keine Rückströmung der Wärme aus der Zylinderwand statt, so begründet auch dieser Umstand vorläufig keinen Arbeitsverlust, denn es wäre alsdann der Zustand des Systemes zu Ende der Expansion durch die Punkte m und g gekennzeichnet, wofür sich ebenfalls derselbe Entropiewert wie früher ergibt.

Tatsächlich spielen sich aber die Vorgänge während der Expansion des Dampfes im Zylinder einer Dampfmaschine derart ab, daß zwischen den Temperaturen der Zylinderwand und des expandierenden Dampfes stets ein erheblicher Unterschied besteht. Es findet somit auch während des Rückströmens der Wärme aus der Zylinderwand ein Übergang der Wärme aus einem Körper höherer Temperatur zu einem Körper niederer Temperatur statt, und aus diesem Umstande ergibt sich abermals ein Entropiezuwachs und dementsprechend ein Arbeitsverlust, den man **Rückströmungsverlust** nennen kann. Dieser Verlust ist lediglich darin begründet, daß bei der Rückströmung der Wärme die Zylinderwand dauernd von wesentlich höherer Temperatur als der expandierende Dampf ist. Dieser Umstand hat noch den ferneren Arbeitsverlust im Gefolge, der sich daraus ergibt, daß die Zylinderwand zu Ende der Expansion noch nicht auf die Temperatur abgekühlt ist, die sie vor Eintritt der Initialkondensation hatte, doch wird dieser Verlust erst später als **Abkühlungsverlust** in Betracht kommen. Vorläufig handelt es sich nur um den Rückströmungsverlust, dessen Größe nur aus dem Entropiezuwachs beurteilt werden kann, den das System beim Übergange aus dem Zustande nach beendeter Admission in den Zustand nach beendeter Expansion erfährt.

Für den Fall des betrachteten Beispieles sei angenommen, daß die imaginäre Materialschichte der Zylinderwand zu Ende der Expansion noch eine Temperatur von 100^0 C. habe. Den Zustand kennzeichnet Punkt p in Fig. 13. Es beträgt dann die Entropie der Zylinderwand:

$$6,9 \log \text{nat} \frac{373}{313} = 1,210.$$

Während der Expansion hat die Zylinderwand an den Dampf $6,9 \, (181 - 100) = 558,9$ Kalorien abge-

Der Rückströmungsverlust. 95

geben. Die Zylinderwand kühlt sich dabei von 181° C. auf 100° C. ab, während sich der Dampf von 181° C. auf 40° C. abkühlt. Um den Entropiezuwachs festzustellen, hat man einen umkehrbaren Prozeß zu ersinnen, welcher die Überführung des einen Zustandes in den anderen bewirken könnte. Es sei deshalb angenommen, daß die Wärme dem Dampfkörper bei allen Temperaturen zwischen 181° und 40° gleichmäßig zufließe. Diese Annahme scheint nicht vollkommen zutreffend, weil bei den anfänglichen geringen Temperaturdifferenzen weniger Wärme in den Dampfkörper zurückströmt als bei den schließlichen größeren Differenzen. Bei einem umkehrbaren, unendlich langsam verlaufenden Prozeß dürfen aber endliche Temperaturdifferenzen überhaupt nicht zustande kommen, und der umkehrbare Prozeß ist mit den tatsächlichen Vorgängen in keine Übereinstimmung zu bringen; auch kommt es nicht auf den Verlauf, sondern nur auf das Resultat der Zustandsänderung an. Die gemachte Annahme ist daher vollkommen berechtigt, und man kann in weiterer Folge voraussetzen, daß dem expandierenden Dampfe die Wärme genau so zuströmte, als rührte sie von einer imaginären Materialschicht her, die das ganze Spiel der Temperaturen zwischen 181° und 40° mitmachte. Deren Wärmekapazität wäre dann, auf dieselbe Art wie schon früher berechnet, gleich dem Quotienten

$$\frac{558,9}{181-40} = 3,96$$

und der auf den expandierenden Dampf übertragene Entropiezuwachs:

$$3,96 \log \text{nat} \frac{454}{313} = 1,473.$$

In Fig. 12 stellt die Strecke mn diesen Entropiezuwachs dar.

Auf den Normalzustand von 40^0 C. bezogen, betrug die Entropie des Dampfes im Zylinder zu Ende der Admission (Punkt h) 11,067, der Entropiezuwachs durch die rückströmende Wärme aus der Zylinderwand beträgt 1,473, somit ist die Entropie zu Ende der Expansion:

$$11{,}067 + 1{,}473 = 12{,}540.$$

Die Entropie der Zylinderwand zu Ende der Expansion beträgt 1,210, daher ist die Entropie des Systemes zu Ende der Expansion

$$12{,}540 + 1{,}210 = 13{,}750.$$

Da die Entropie des Systemes nach vollzogener Initialkondensation $11{,}067 + 2{,}565 = 13{,}632$ betragen hat, so ist der bei der Rückströmung der Wärme stattfindende Entropiezuwachs gleich $13{,}750 - 13{,}632 = 0{,}118$ Entropieeinheiten, und der Rückströmungsverlust beträgt

$$0{,}118 \times 288 = 34 \text{ Kalorien.}$$

In den Temperatur-Entropiediagrammen Fig. 12 und 13 charakterisieren der Punkt n den Zustand des Dampfes und Punkt p den Zustand der Zylinderwand zu Ende der Expansion. Macht man die Strecke nr gleich fq, so stellt der mit R bezeichnete schraffierte Streifen die Größe des Rückströmungsverlustes dar.

Neuntes Kapitel.

Der Expansionsverlust. — Der Abkühlungsverlust. — Der Kondensationsverlust. — Der Abwärmeverlust.

Die Arbeitsverluste, welche als Initialverlust und als Rückströmungsverlust bei den Kolbendampfmaschinen auftreten, sind bei den Dampfturbinen vermieden, an deren Stelle tritt der schon früher erwähnte Reibungsverlust auf, der einen entsprechenden Entropiezuwachs des expandierenden Dampfes, ähnlich dem des Rückströmungsverlustes bei Kolbendampfmaschinen, hervorbringt. Bei den Dampfturbinen liegt es ferner im Wesen ihrer Arbeitsweise, daß die Expansion des Dampfes bis zur äußersten Grenze, welche durch die Kondensatorspannung bestimmt ist, erfolgt. Die Regulierung findet durch Drosselung des Admissionsdampfes statt, woraus sich bei schwächerer Belastung vermehrte Drosselverluste und vermehrte Reibungsverluste ergeben, da die Räder zum Teile nutzlos im Abdampfe wühlen.

Die besten thermodynamischen Wirkungsgrade ergeben sich daher bei der Maximalbelastung der Dampfturbinen, und die Regulierfähigkeit der Turbinen wird durch eine Einbuße an Ökonomie bei normaler Leistung erkauft.

Kolbendampfmaschinen hingegen, deren Regulierung durch Veränderung der Füllung geschieht, könnten zwar der Forderung vollkommener Expansion bei höchstem Admissionsdruck auch bei normaler Leistung voll entsprechen; die hiezu erforderliche Größe der Expansionszylinder brächte aber, abgesehen von der Kostspieligkeit der Einrichtung, eine unverhältnismäßige Vergrößerung der Initialverluste hervor. Deshalb ist die Expansion bei normaler Belastung der Maschinen in der Regel unvollkommen und der Expansionsenddruck beträchtlich höher als die Spannung im Kondensator. Je größer der Druckabfall ist, der bei Eröffnung des Ausströmkanales eintritt, desto weniger Wärme konnte während der Expansionsperiode aus den Zylinderwänden in den Dampfkörper zurückfließen. Der Rückströmungsverlust wird infolgedessen etwas geringer sein, hingegen wird der Abkühlungsverlust, welcher durch den Übergang der Wärme aus der Zylinderwand in den Dampfkörper während der Ausströmungsperiode stattfindet, unverhältnismäßig größer. Überdies führt die vorzeitige Eröffnung der Ausströmung einen neuerlichen Arbeitsverlust, den Expansionsverlust, herbei.

Für den Fall des gewählten Beispieles sei angenommen, daß der Ausströmkanal in dem Augenblicke eröffnet wird, als der expandierende Dampf die Temperatur von 80^0 C. oder 353^0 absoluter Temperatur erreicht hat. Solange die Expansion dauert, wird in dem Maße des Wärmeaustausches zwischen Zylinderwand und Dampfkörper keine Änderung eingetreten sein. Daher beträgt der Entropiezuwachs des Dampfes während der Expansion:

$$3{,}96 \log \mathrm{nat} \frac{454}{353} = 0{,}996.$$

Der Expansionsverlust. 99

Dabei hat die Zylinderwand 3,96 (181 — 80) = 400 Kalorien an den expandierenden Dampf abgegeben und sich daher um 400 : 6,9 = 58° C., d. i. auf eine Temperatur von 123° C., abgekühlt. Die Entropie der Zylinderwand zu Ende der Expansion beträgt somit:

$$6{,}9 \log \mathrm{nat} \frac{396}{313} = 1{,}623$$

und die Entropie des Dampfes:

$$11{,}067 + 0{,}996 = 12{,}063,$$

daher die Entropie des Systemes:

$$12{,}063 + 1{,}623 = 13{,}686.$$

Da zu Ende der Admission die Entropie des Systemes 13,632 betragen hat, so ergibt sich der Entropiezuwachs mit 0,054 Entropieeinheiten und der Rückströmungsverlust mit nur 15,5 Kalorien.

In dem Temperatur - Entropiediagramme, Fig. 14, kennzeichnet Punkt t den Zustand des Dampfes bei der Temperatur von 80° C. unmittelbar vor Eröffnung der Ausströmung. Der gleichzeitige Zustand der Zylinderwandung wird durch den Punkt p im Diagramme, Fig. 15, gekennzeichnet. In dem Augenblicke, als sich der Ausströmungskanal zum Kondensator öffnet, kommt der bisher im Zylinder eingeschlossene Dampf in mächtige Bewegung. Ein Teil des Dampfes stürzt mit großer Geschwindigkeit in den Kondensator, wobei die Expansionsarbeit des nachdrängenden Dampfes als lebendige Kraft der beschleunigten Dampfmassen zum Vorscheine kommt.

Im Falle eines Einspritzkondensators trifft der Dampf auf das ihm entgegenspritzende Kühlwasser und

7*

100   Neuntes Kapitel.

vermischt sich mit diesem unter teilweiser Kondensation. Bliebe die Maschine am toten Punkte bei geöffnetem Ausströmkanale stillstehen, so würde sich bald ein

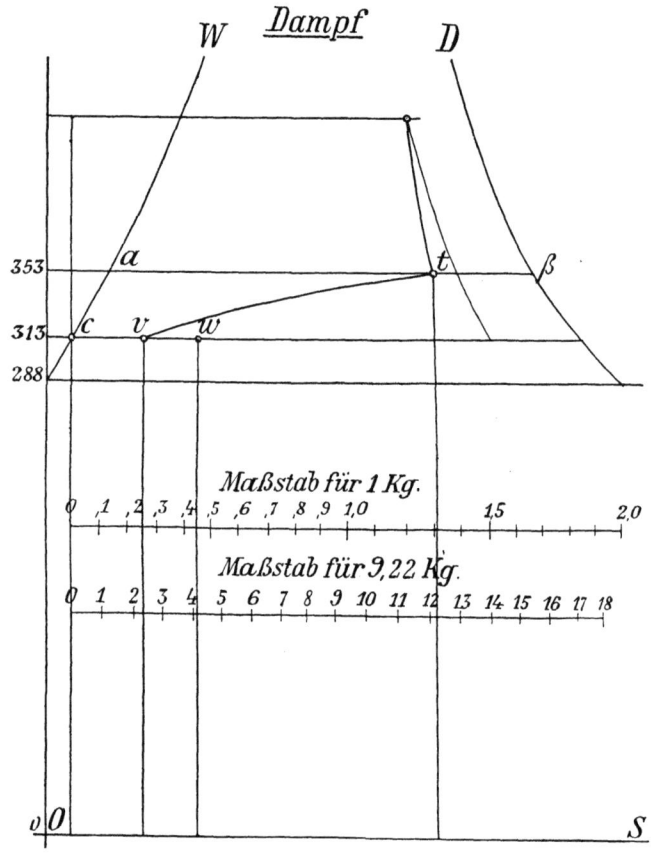

Fig. 14.

Zustand der Ruhe und des Gleichgewichtes bei gleichen Temperaturen von Wasser und Dampf im Zylinder und Kondensator einstellen. Im Oberflächenkondensator treffen die beschleunigten Dampfmassen auf die durch

Der Expansionsverlust. 101

das Kühlwasser abgekühlten Metallflächen und verdichten sich unter der Einwirkung des im Kondensator herrschenden Druckes zu Wasser.

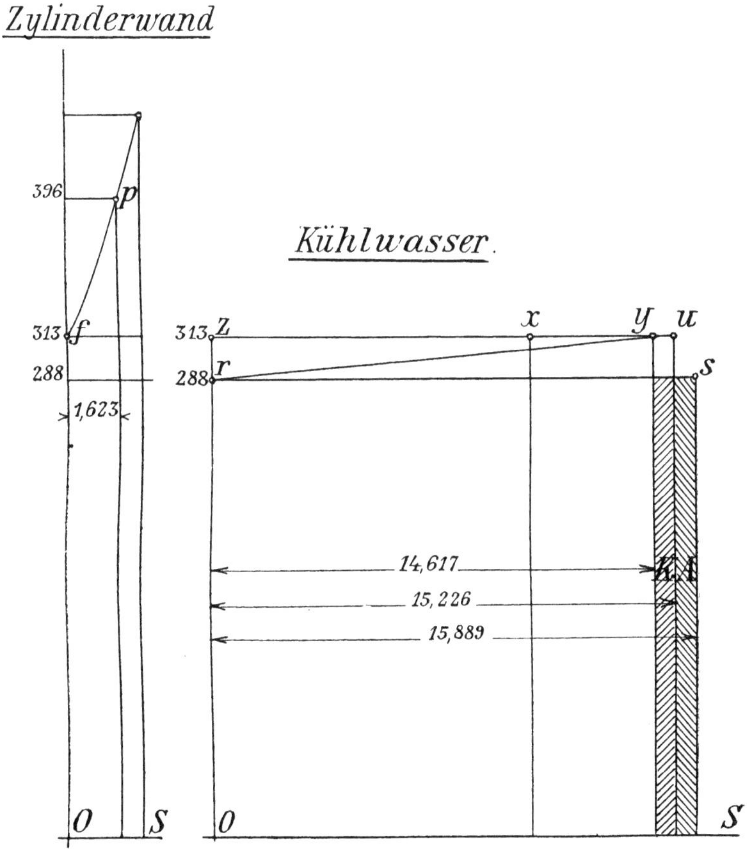

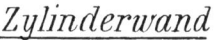

Fig. 15.   Fig. 16.

Bei einem richtig konstruierten Einspritzkondensator entspricht die Temperatur des abfließenden Kühlwassers der im Kondensator herrschenden Dampfspannung. Im Oberflächenkondensator ist die Dampfspannung etwas höher, als der Temperatur des abfließenden Kühlwassers entspricht, weil die zwischen Dampf und Wasser liegenden Wandstärken der Kühlflächen ein Temperaturgefälle bedingen. Die Zunahme der Temperatur des Kühlwassers ist ein abgesondert zu betrachtender Vorgang, der mit dem Expansionsverluste in keinem Zusammenhange steht. Man kann sich nämlich vorstellen, daß eine verhältnismäßig sehr große Menge Kühlwasser zur Verfügung steht, so daß die Kondensation des Dampfes nur eine sehr geringe, im Grenzfalle gar keine Erwärmung hervorbringt, und wenn man ferner für den Oberflächenkondensator sehr große Kühlflächen bei sehr geringen Wandstärken voraussetzt, so kann man die Temperatur des Kühlwassers als nur sehr wenig von der Temperatur verschieden, die der Spannung im Kondensator ·entspricht, annehmen.

Die beim Übertritte des Dampfes in den Kondensator sich abspielenden stürmischen und daher vollkommen irreversiblen Vorgänge konstituieren den eigentlichen Expansionsverlust. Dessen Größe ergibt sich aus dem Unterschiede der Entropiewerte des Systems vor und nach der Eröffnung des Ausströmkanales.

Der Zustand des Dampfes im Zylinder vor Eröffnung des Ausströmkanales ist für das gewählte Beispiel durch die Lage des Punktes t in Fig. 14 charakterisiert. Das Verhältnis der Strecken ta zu $a\beta$ ergibt den Feuchtigkeitsgehalt des Dampfes zu 0,2388. 1 kg Zylinderinhalt besteht demnach aus 0,7612 kg Dampf und 0,2388 kg Wasser. Die Entropie für 1 kg des Zylinderinhaltes ist $12{,}063 : 9{,}22 = 1{,}3085$ auf den Normalzustand von Wasser von 40^{0} C. bezogen. Die

Spannung des im Kondensator enthaltenen Wasserdampfes entspricht der Temperatur von 40° C., beträgt also ungefähr 0,07 Atm. Wenn die Verbindung zwischen Kondensator und Dampfzylinder hergestellt ist, und die ausströmenden Dampfmassen zur Ruhe gelangt sind, hat sowohl der Dampf im Zylinder wie im Kondensator die Temperatur von 40° C. Dabei hat keine Veränderung des Volumens stattgefunden. Das Volumen von 1 kg des Zylinderinhaltes beträgt $0{,}7612 \times 3{,}4085 + 0{,}0002 = 2{,}5948$ cbm[1]).

Da das Volumen von 1 kg Dampf von 40° C. 19,650 cbm beträgt, so sind 0,6292 kg Dampf kondensiert worden, und 1 kg des ursprünglichen Zylinderinhaltes besteht nun aus 0,1320 kg Dampf und 0,8680 kg Wasser.

Die Entropie des trockenen, gesättigten Dampfes von 40° C. hat den Wert von 1,850 für 1 kg; daher ergibt sich für die Entropie des nassen Dampfes, welcher 0,8680 kg Wasser enthält, die Entropie $0{,}1320 \times 1{,}850 = 0{,}2442$. Im Entropiediagramme, Fig. 14, ist dieser Zustand durch den Punkt v gekennzeichnet. Dieses Diagramm gilt, je nachdem, ob man den oberen oder den unteren der beiden Entropiemaßstäbe benützt, sowohl für 1 kg Dampf als für die 9,22 kg Dampf, die den Annahmen des der Betrachtung zugrunde gelegten Beispieles entsprechen.

Beim Übergange aus dem Zustande t in den Zustand v hat somit eine Verminderung der Entropie des Dampfes um den Betrag $1{,}3085 - 0{,}2442 = 1{,}0643$

---

[1]) Das Volumen von 1 kg Dampf von 80° C. beträgt 3,4085 cbm und das Volumen von 1 kg Wasser 0,001 cbm.

stattgefunden. Diese Verminderung der Entropie wird aber durch die Vermehrung der Entropie des Kühlwassers übertroffen und der Überschuß ist ein Maß des mit dieser Zustandsänderung verbundenen Arbeitsverlustes.

Auf den Normalzustand von 40° Wasser bezogen, beträgt die Energie von 0,7612 kg Dampf und 0,2388 kg Wasser von 80° C. 429,88 Kalorien und die Energie von 0,1320 kg Dampf und 0,8680 kg Wasser von 40° C. 71,91 Kalorien.

Diese Werte werden gefunden, wenn man für irgendeinen Prozeß, der den vorhandenen Zustand des Dampfes in den Normalzustand von Wasser von 40° C. zurückführt, die algebraische Summe aller gewonnenen Wärme- und Arbeitsmengen berechnet. Um also 0,7612 kg Dampf und 0,2388 kg Wasser von 80° in Wasser von 40° C. zu verwandeln, könnte man zunächst den Dampf bei der konstanten Temperatur von 80° C. durch Kompression verflüssigen und hierauf die gesamte Wassermenge auf 40° C. abkühlen. Die Verflüssigung unter diesen Umständen erfordert den Aufwand von 0,7612 × 38,5 = 29,31 Kalorien an mechanischer Arbeit, wobei gleichzeitig 0,7612 × 550,7 = 419,19 Kalorien als Wärme abgeführt werden müssen. Zur Abkühlung von 1 kg Wasser von 80° auf 40° C. müssen 40 Kalorien Wärme abgeführt werden. Daher ist die Energie des nassen Dampfes von 80° C. auf den Normalzustand von 40° C. bezogen: 419,19 − 29,31 + 40 = 429,88 Kalorien.

Um 0,1320 kg trockenen Dampf von 40° C. bei dieser Temperatur zu verflüssigen, müssen 0,1320 × 34,3 = 4,53 Kalorien an mechanischer Arbeit aufgewendet und 0,1320 × 579,1 = 76,44 Kalorien an Wärme abgeführt

Der Expansionsverlust. 105

werden. Die Energie des nassen Dampfes von 40⁰ C.
ergibt sich somit zu 76,44 — 4,53 = 71,91 Kalorien.
Das Kühlwasser im Kondensator, womit die Überführung des einen Zustandes in den anderen ohne Verrichtung äußerer Arbeit bewirkt wird, muß also 429,88 — 71,91 = 357,97 Kalorien aufnehmen.
In Wirklichkeit hat man es weder mit unendlich großen Kühlwassermengen, noch mit unendlich großen Kühlflächen zu tun. Man muß also bei einer beschränkten Wassermenge mit einer entsprechenden Erhöhung der Temperatur des Kühlwassers rechnen. Hat das Kühlwasser die absolute Eintrittstemperatur t und soll es durch den Kondensationsvorgang schließlich auf 313⁰ absolut erwärmt werden, so muß seine Menge M genau $\dfrac{357,97}{313-t}$ kg betragen.

Nach der Regel, welche bei den früheren Ableitungen befolgt worden ist, hat man den mit der stattfindenden Zustandsänderung verbundenen Entropiezuwachs des Systemes aus dem Studium eines imaginären umkehrbaren Prozesses zu berechnen, der den ursprünglichen Zustand in den schließlichen überführt, und aus der Summe der Quotienten der zu- und abgeführten Wärmemengen durch die entsprechenden Temperaturen den Entropiezuwachs festzustellen. Als ursprünglicher Zustand sind 0,7612 kg Dampf und 0,2388 kg Wasser von 353⁰ absoluter Temperatur (Punkt t in Fig. 14) sowie M kg Kühlwasser von t⁰ absoluter Temperatur gegeben. Den schließlichen Zustand hat man, wie folgt, erhoben: 0,1320 kg Dampf und 0,8680 kg Wasser von 313⁰ absoluter Temperatur (Punkt v in Fig. 14) sowie M kg Kühlwasser von 313⁰. Um die Überführung aus

Neuntes Kapitel.

dem ursprünglichen Zustand in den schließlichen durch einen imaginären, umkehrbaren Prozeß zu vollziehen, könnte man sich etwa folgendes Verfahren denken. Mit Hilfe zahlreicher Wärmereservoire werde das Kühlwasser zunächst auf 353° umkehrbar erwärmt. Hierzu müssen ihm $M\,(353 - t)$ Kalorien zugeführt werden. Der entsprechende Entropiezuwachs beträgt $M \log \text{nat} \frac{353}{t}$ Entropieeinheiten. Mit dem so erwärmten Kühlwasser wird der nasse Dampf in Berührung gebracht und durch Kompression vollständig verflüssigt. Die hierbei an ein Wärmereservoir von 353° abzuführende Wärmemenge beträgt 419,19 Kalorien. Die entsprechende Entropieabnahme beträgt dabei $\frac{419,19}{353} = 1,1875$.

Dann wird das gesamte Wasser, dessen Menge nun $(M+1)$ Kilogramm beträgt mit Hilfe zahlreicher Wärmereservoire auf 313° abgekühlt, wobei $(M+1)(353-313)$ Kalorien abgeführt werden, so daß die neuerliche Entropieabnahme

$$(M+1) \log \text{nat} \frac{353}{313} \text{ Entropieeinheiten}$$

beträgt.

Schließlich wird durch Zufuhr von Wärme aus einem Wärmereservoir von 313° die Verdampfung von 0,1320 kg Wasser bei konstantem Drucke und konstanter Temperatur bewirkt, wobei durch die stattfindende Volumsvergrößerung mechanische Arbeit gewonnen wird. Die zuzuführende Wärmemenge beträgt 76,44 Kalorien und der entsprechende Entropiezuwachs 0,2442 Entropieeinheiten.

Zieht man die für die einzelnen Entropieänderungen

Der Expansionsverlust.

gefundenen Werte zusammen, so erhält man als Gesamtentropiezuwachs während der Zustandsänderung des Systemes den Wert: $M \log \operatorname{nat} \frac{313}{t} - 1{,}0643$ und, wenn man den oben gefundenen Ausdruck für M einsetzt, ergibt sich:

$$\frac{357{,}97}{313-t} \log \operatorname{nat} \frac{313}{t} - 1{,}0643.$$

Die Grenze, welcher sich der Wert dieses Ausdruckes mit wachsendem t nähert, wird bei unendlich großer Kühlwassermenge von $t = 313^0$ erreicht und ergibt sich mit

$$\frac{357{,}97}{313} = 1{,}1436.$$

Die Entropiezunahme des Kühlwassers wird daher jedenfalls mehr als 1,1436 betragen. Der Überschuß über diesen Wert ist aber durch die Erwärmung des Kühlwassers bedingt und steht mit dem Expansionsverluste zunächst in keinem Zusammenhange.

Nachdem die Abnahme der Entropie des Dampfes nur 1,0643 betragen hat, so ergibt sich der mit der betrachteten Zustandsänderung infolge des Expansionsverlustes verbundene Entropiezuwachs zu 1,1436 — 1,0643 = 0,0793 Entropieeinheiten für 1 kg Dampf.

Für 9,22 kg Dampf ergibt sich der Zuwachs der Entropie infolge des Expansionsverlustes zu $0{,}0793 \times 9{,}22 = 0{,}7312$ und der Expansionsverlust selbst zu $0{,}7312 \times 288 = 210{,}6$ Kalorien oder $3^0/_0$ des Heizwertes der Kohle.

Die Zustände in diesem Stadium des Arbeitsprozesses werden durch die Punkte v, p und x in den

Temperatur-Entropiediagrammen Fig. 14, 15 und 16 für Dampf, Zylinderwand und Kühlwasser gekennzeichnet. Wenn nun der zurücklaufende Kolben den im Zylinder enthaltenen Dampf in den Kondensator schiebt, wo er zu Wasser kondensiert wird, so findet zwar infolge des Wärmeüberganges vom Dampf in das Kühlwasser eine Vergrößerung der Entropie des letzteren statt, wohingegen aber, bei der Voraussetzung unendlich großer Kühlwassermengen von 40° C. eine ebenso große Abnahme der Entropie des Dampfes eintritt, so daß mit dieser Zustandsänderung ein neuerlicher Entropiezuwachs nicht verbunden ist. Der Ausschub des Dampfes aus dem Zylinder ist somit, sonst vollkommene Verhältnisse vorausgesetzt, mit keinem Arbeitsverluste verbunden. Während des Verlaufes der Ausströmung kühlt sich die Zylinderwand von der Temperatur, die sie zu Ende der Expansionsperiode hatte, bis auf die Temperatur des ausströmenden Dampfes ab, wobei die Wärme auf diesen übergeht. Es findet also ein Übergang der Wärme von einem Körper höherer Temperatur zu einem Körper niederer Temperatur statt, womit ein Arbeitsverlust verbunden ist. Die Entropie der Zylinderwand betrug zu Ende der Expansionsperiode 1,623 Entropieeinheiten. In der Admissionsperiode sind auf die Zylinderwand 971 Kalorien übertragen worden, wovon während der Expansion 400 Kalorien in den expandierenden Dampf zurückgeströmt sind, somit hat die Zylinderwand zu Ende der Expansion noch um 571 Kalorien mehr als vor Beginn der Admission enthalten. Durch die beim Übergange dieser Wärmemenge auf den abströmenden Dampf bewirkte Nachverdampfung findet eine Trocknung des Dampfes statt. Der Feuchtigkeitsgehalt pro 1 kg

Der Abkühlungsverlust.

Dampf betrug 0,8680 kg. Daher bestand das Gemisch von 9,22 kg aus 8,003 kg Wasser und 1,217 kg Dampf. Die Entropie beträgt $1{,}217 \times 1{,}850 = 2{,}252$. Die Verdampfungswärme von 1 kg Wasser beträgt 579 Kalorien. Durch 571 Kalorien können somit 0,986 kg Wasser verdampft werden, so daß das Gemisch nun aus 2,203 kg Dampf und 7,017 kg Wasser bestehen kann, dessen Entropie $2{,}203 \times 1{,}850 = 4{,}075$ beträgt. Der Entropiezuwachs des Dampfes infolge des Überganges der Wärme aus der Zylinderwand in den abströmenden Dampf ergibt sich zu $4{,}075 - 2{,}252 = 1{,}823$ Entropieeinheiten und die gleichzeitige Abnahme der Entropie der Zylinderwand zu 1,623 Entropieeinheiten. Daher beträgt der schließliche Entropiezuwachs $1{,}823 - 1{,}623 = 0{,}2$ Entropieeinheiten und der **Abkühlungsverlust** beträgt $0{,}2 \times 288 = 57{,}6$ Kalorien.

Ohne Beachtung der stattfindenden Zustandsänderungen hätte sich die Entropiezunahme auch aus der überströmenden Wärmemenge von 571 Kalorien, wie folgt, ergeben:

$$\frac{571}{313} - 1{,}623 = 0{,}2.$$

Diese weitaus weniger umständliche Art der Berechnung widerspricht aber den von Anfang an aufgestellten Grundsätzen, wonach die Größe der Entropie nicht aus den ins Spiel kommenden Wärmemengen, sondern aus den jeweiligen Zuständen des Systemes zu berechnen ist. Die Übereinstimmung der Resultate ist nur eine Folge der gemachten Voraussetzung, daß bei den untersuchten Zustandsänderungen nur die jeweilig in Betracht gezogenen Wärmeübergänge stattfinden. Bei praktischen Untersuchungen an wirklichen Maschinen können nur die Zustände der das System bildenden Körper ermittelt werden, und für die Berechnung der stattfindenden Entropiezunahmen steht kein anderer Weg als der bei der Durchrechnung des gewählten Beispieles beschrittene zur Verfügung. Die nach der Eröffnung des Ausströmungskanales stattfindenden Vorgänge der Kondensation im Kondensator und der Nachverdampfung im Zylinder spielen sich gleichzeitig ab, so daß nicht eigentlich bestimmte Phasen durch entsprechende Zustandspunkte in den drei Entropiediagrammen zugleich angegeben werden können. Denkt man sich die Zustandsänderungen ruckweise stattfindend, so wäre der Verlauf durch die folgende Aufeinanderfolge der zusammengehörigen Punkte in den 3 Diagrammen dargestellt. Der Zustand vor Eröffnung des Ausströmkanales ist durch die Punkte t in Fig. 14, p in Fig. 15 und z in Fig. 16 gekennzeichnet. Den Zustand nach erfolgter Eröffnung des Ausströmkanales und teilweiser Kondensation des Dampfes im Kondensator stellen die Punkte v in Fig. 14, p in Fig. 15 und x in Fig. 16 dar. Der Zustand, wie er sich nach erfolgter Nachverdampfung durch die sich abkühlende Zylinderwand darstellen würde, wäre durch die Punkte w, f und x in den 3 Diagrammen gekennzeichnet, und den Zustand nach vollendetem Ausschube des Dampfes aus dem Zylinder und Kondensation im Kondensator stellen die Punkte c, f und y dar. Die Strecke cw ist gleich der Strecke xy. Auf den Normalzustand von Wasser von 40° C. bezogen, hat somit nach vollendetem Ausschub des Dampfes die Entropie von Dampf und Zylinderwand wieder den ursprünglichen

Wert erreicht, und der gesamte Entropiezuwachs ist auf das Kühlwasser übergegangen. Er wird durch die Strecke zy in Fig. 16 dargestellt.

Dieser Entropiezuwachs gilt für die Voraussetzung unendlich großer Kühlflächen und Kühlwassermengen, wobei keine Erwärmung des Kühlwassers eintritt. Bei beschränkten Kühlflächen, an denen nur endliche Mengen von Kühlwasser vorbeigeführt werden können, tritt eine Erwärmung des Kühlwassers ein, und diese Erwärmung bringt einen entsprechenden Entropiezuwachs hervor, der einen neuerlichen Arbeitsverlust bedingt. Die Wärmemengen, welche das Kühlwasser jedenfalls aufzunehmen hat, betragen beim Übergange aus dem Zustande t in den Zustand v: $357{,}97 \times 9{,}22 =$ 3300 Kalorien, ferner die Kondensationswärme von 1,217 kg Dampf von 40° C. mit $1{,}217 \times 579 = 704$ Kalorien und die von der sich abkühlenden Zylinderwand herrührende Wärme von 571 Kalorien, zusammen also 4575 Kalorien. Wenn das Kühlwasser aus der Umgebung entnommen wird und eine Temperatur von 15° C. besitzt, so muß dessen Menge bei einer Erwärmung um 25° C. bis auf 40° C. $4575 : 25 = 183$ kg betragen. Die Entropie des erwärmten Wassers beträgt

$$183 \log \text{nat} \frac{313}{288} = 15{,}226.$$

Der dem neuerlichen Entropiezuwachs von $15{,}226 - 14{,}617 = 0{,}609$ Entropieeinheiten entsprechende Arbeitsverlust, der Kondensationsverlust genannt sei, beträgt $0{,}609 \times 288 = 175{,}3$ Kalorien oder 2,5 % des Heizwertes der Kohle.

In Fig. 16 stellt die Strecke zu die Entropie des

Kühlwassers und die schraffierte Fläche K den Kondensationsverlust dar.

Das auf 40^0 C. erwärmte Kühlwasser fließt in die Umgebung und kühlt sich endlich bis auf deren Temperatur, die hier mit 15^0 C. angenommen worden ist, ab. Die Umgebung ist als ein unendlich großes Wärmereservoir von 15^0 C. oder 288^0 absoluter Temperatur anzusehen. Die vom Kühlwasser bei steigender Temperatur aufgenommenen 4575 Kalorien erreichen durch Vermittlung zahlreicher Körper, die den Wärmeaustausch durch Leitung und Strahlung bewerkstelligen, schließlich bei 288^0 C. das Temperaturniveau der Umgebung. Daher beträgt deren Entropiezuwachs $4575 : 288 = 15,889$ Entropieeinheiten. Die Differenz zwischen diesem Werte und dem früher für das Kühlwasser gefundenen Werte ergibt sich mit $15,889 - 15,226 = 0,663$ Entropieeinheiten, und der entsprechende Arbeitsverlust, den man Abwärmeverlust nennen kann, beträgt $0,663 \times 288 = 190,9$ Kalorien oder $2,73^0/_0$ des Heizwertes der Kohle. In Fig. 16 stellt die Strecke $r\,s$ den Entropiezuwachs der Umgebung und die schraffierte Fläche A den Abwärmeverlust dar.

Zehntes Kapitel.
Die Gesamtarbeitsverluste. — Die vorteilhafteste Temperatur des Kesselinhalts.

Der Gesamtarbeitsverlust, mit welchem der Arbeitsprozeß einer Dampfmaschinenanlage verbunden ist, ergibt sich aus dem Zuwachse der Entropie der Umgebung der Anlage, nachdem sämtliche Körper, in deren Wechselwirkung der Dampfmaschinenprozeß besteht, den Normalzustand erreicht haben. Die in Betracht gezogenen Körper sind die Kohlen, die Verbrennungsluft, das Speisewasser, der Dampfkessel, der Dampfzylinder und das Kühlwasser. Während des Arbeitsprozesses entstehen aus der Kohle und Verbrennungsluft die Verbrennungsprodukte, und das Speisewasser wird in Dampf verwandelt. Als Normalzustände sind die Zustände der Verbrennungsprodukte, des Speisewassers und des Kühlwassers bei der Temperatur der Umgebung von 15° C. angesehen worden, während für den Dampfkessel als Temperatur des Normalzustandes 183° C. und für die sich abwechselnd erwärmende und abkühlende imaginäre Materialschichte des Dampfzylinders 40° C. als Normaltemperatur gelten.[1]

---

[1] Daß der Zustand der Verbrennungsprodukte bei 15° C. und nicht die ursprünglichen Zustände der Kohle und der Verbrennungsluft bei 15° C. als Normalzustand für diese Körper be-

In der nebenstehenden Tabelle sind die einzelnen Verluste und der entsprechende Entropiezuwachs der Körper und des ganzen Systems in den betrachteten Phasen für den Fall des gewählten Beispieles übersichtlich zusammengestellt.

Die Summe aller Arbeitsverluste, mit welchen die Durchführung des Arbeitsprozesses der Dampfmaschinenanlage verbunden ist, beträgt somit 83,7 % des Heizwertes der verfeuerten Kohle oder 5859 Kalorien für je 1 kg Kohle, deren Heizwert mit 7000 Kalorien angenommen ist. Die Ziffer des Wirkungsgrades ergibt sich zu 0,163, d. h. es werden 16,3 % der als Heizwert der Kohle verfügbaren Wärme als Arbeit gewonnen. Hierbei sind die Wärmeverluste, die durch Abgang von Kohle in den Aschenfall, durch Leitung und Strahlung des Dampfkessels und seiner Einmauerung, der Rohrleitungen und der Dampfmaschine hervorgebracht werden, und die Arbeitsverluste, die durch Reibung der Maschinenteile entstehen, nicht berücksichtigt. Bringt man für diese Verluste zusammengenommen 6,3 % in Abzug, so berechnet sich der Wirkungsgrad der Anlage zu 0,10. Von 7000 Kalorien werden somit nur 700 Kalorien in nutzbare Arbeit verwandelt. Da der Wärmewert von einer Pferdekraftstunde 637 Kalorien beträgt, ergibt sich der Brennstoffaufwand für eine effektive Pferdekraftstunde mit 0,91 kg Kohle.

---

trachtet wurden, ist damit zu begründen, daß für den Dampfmaschinenprozeß nur die Wirkung der heißen Verbrennungsprodukte auf den Dampfkessel von Belang ist, wofür es gleichgültig ist, ob die Wärme der Verbrennungsprodukte dem chemischen Prozesse der Oxydation oder einer anderen Wärmequelle entsprungen ist.

Die Gesamtarbeitsverluste.

	Entropie							Arbeitsverlust		Benennung der Verluste
der Verbrennungsprodukte	des Speisewassers	des Dampfes	der Zylinderwand	des Kühlwassers	der Umgebung	des Systemes	Zuwachs	Kalorien	Prozente	
0	0	0	0	0	0	0	0	0	0	Anfangszustand
8,353	—	—	—	—	—	8,353	8,353	2406	34,4	Verbrennungsverlust
3,096	—	12,535	—	—	—	15,631	7,278	2096	29,9	Heizungsverlust
—	—	12,535	—	—	4,453	16,988	1,357	391	5,6	Essengasverlust
—	3,535	9,631	—	—	4,453	17,619	0,631	182	2,6	Speisungsverlust
—		13,209	—	—	4,453	17,662	0,043	12,5	0,18	Drosselverlust
—		11,067	2,565	—	4,453	18,085	0,423	122	1,74	Initialverlust
—		12,063	1,623	—	4,453	18,139	0,054	15,5	0,22	Rückströmungsverlust
—		2,252	1,623	10,542	4,453	18,870	0,731	210,6	3,01	Expansionsverlust
—		4,075	—	10,542	4,453	19,070	0,200	57,6	0,82	Abkühlungsverlust
—		—	—	15,226	4,453	19,679	0,609	175,3	2,50	Kondensationsverlust
—		—	—	—	20,342	20,342	0,663	190,9	2,73	Abwärmeverlust
0	0	0	0	0	20,342	20,342	20,342	5859	83,7	Endzustand

Wie schon früher ausgeführt, machen die mit dem Kesselbetriebe verbundenen Verluste, der Heizungsverlust, der Verbrennungsverlust und der Essengasverlust zusammengenommen fast 70% des Heizwertes der Kohle aus. Bezeichnen T_0 die Verbrennungstemperatur, T_1 die Temperatur der Essengase, t_1 die Temperatur des Kesselinhaltes, t_0 die Temperatur der Umgebung und H den Heizwert der Kohle, so wird der Gesamtentropiezuwachs, welcher den angegebenen Verlusten entspricht, durch folgenden Ausdruck angegeben.

$$S = \frac{H}{T_0 - t_0} \left(\frac{T_0 - T_1}{t_1} + \frac{T_1 - t_0}{t_0} \right).$$

Als gegeben ist der Heizwert H des Brennstoffes und die Temperatur t_0 der Umgebung zu betrachten, während die Veränderlichen T_0, T_1 und t_0 durch die sinngemäße Beziehung

$$T_0 > T_1 > t_1 > t_0$$

verknüpft sind. Der Entropiezuwachs muß alsdann zwischen den Grenzen $\frac{H}{t_0}$ und $\frac{H}{t_1}$ liegen.

Da für konstante Werte von T_0 und t_1 der obige Ausdruck die Gleichung einer Geraden darstellt, ergibt sich eine einfache geometrische Darstellung des Zusammenhanges.

Auf der Abszissenachse im Diagramme, Fig. 17, sind die absoluten Temperaturen aufgetragen. Werden nun auf den bei t_0 und T_0 errichteten Ordinaten die Werte $\frac{H}{t_1}$ und $\frac{H}{t_0}$ aufgetragen und die gefundenen Punkte durch eine Gerade verbunden, so entsprechen

Die Gesamtarbeitsverluste.

die Ordinaten ihrer einzelnen Punkte den Gesamtarbeitsverlusten des Kesselbetriebes für die als Abszissen gemessene Essengastemperatur. Die Ordinaten werden

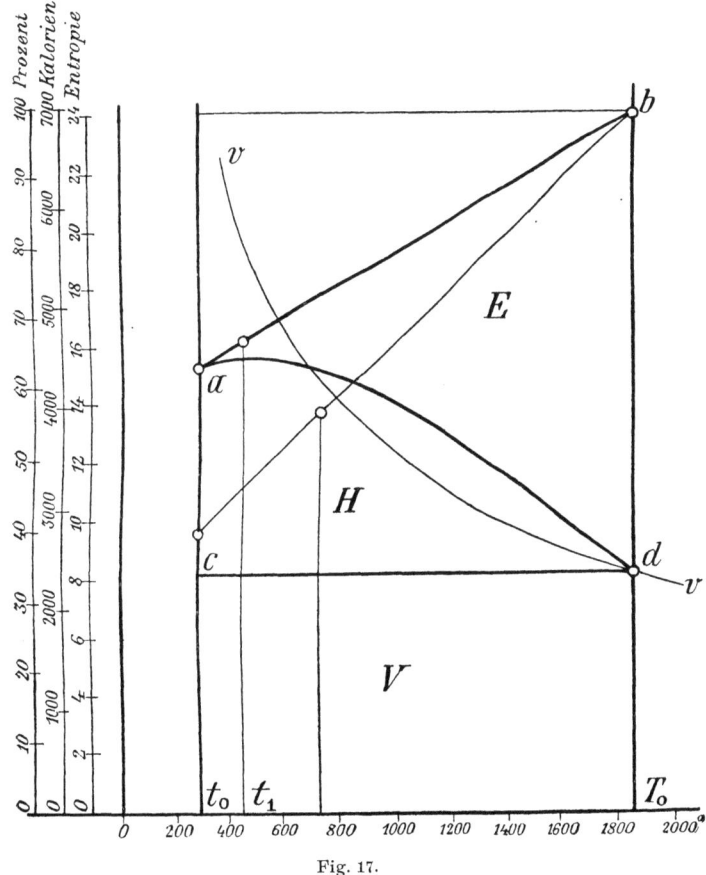

Fig. 17.

in Entropieeinheiten aufgetragen. Benützt man einen im Verhältnisse $1 : t_0$ oder $H : 100\, t_0$ reduzierten Maßstab, so geben die Längen der Ordinaten die Verluste in Kalorien bezw. in Prozenten des Heizwertes an.

Da der Verbrennungsverlust nur von der Verbrennungstemperatur abhängig ist, so kann in das Diagramm auch eine Kurve der Verbrennungsverluste vv eingetragen werden. Zieht man durch den Schnittpunkt d dieser Kurve mit der Ordinate für T_0 die zur Abszissenachse parallele Gerade cd, so entsprechen die zwischen ab und cd gelegenen Stücke der Ordinaten dem summarischen Heizungs- und Essengasverluste, der durch die von a nach d gezogene Kurve in seine zwei Teile zerlegt wird.

Da die Arbeitsverluste des Kesselbetriebes fast 70% des Heizwertes der Kohle ausmachen, so ist es wohl der Mühe wert, zu untersuchen, welche Wahl der Betriebsverhältnisse diese Verluste zu einem Minimum macht. Da das Minimum des Entropiezuwachses $\dfrac{H}{t_1}$ beträgt, so ergibt sich die Größe des Gesamtverlustes mit $\dfrac{t_0}{t_1} H$ Kalorien. Der minimale Gesamtarbeistverlust des Kesselbetriebes ist somit nur von der Temperatur des Kesselinhaltes abhängig, welches immer auch die Verhältnisse der Feuerung und Heizung sein mögen. Dieses Resultat konnte aus dem Carnotschen Grundsatze auch unmittelbar abgeleitet werden.

Denn, wie auf Seite 6 ausgeführt wurde, ist das Maximum an mechanischer Arbeit, welche mit einer vollkommen verlustlosen Maschine gewonnen werden kann, nur von den Temperaturen abhängig, innerhalb welcher der Arbeitsprozeß der Maschine verläuft. Für die Dampfmaschine sind diese Temperaturen, die Temperatur des Dampfes t_1 und die Temperatur der Um-

Die vorteilhafteste Temperatur des Kesselinhalts.

gebung t_0. Der Wirkungsgrad der Dampfmaschine ist höchstens

$$\eta = \frac{t_1 - t_0}{t_1} = 1 - \frac{t_0}{t_1}.$$

Von der Wärmemenge H kann also höchstens der Betrag $H\left(1 - \frac{t_0}{t_1}\right)$ als Arbeit gewonnen werden, und der unvermeidliche Arbeitsverlust beträgt somit $\frac{t_0}{t_1} H$ Kalorien. Da die heißen Essengase einen Teil der entwickelten Wärme in den Schornstein entführen, wird der Dampfmaschine die ganze Wärmemenge H gar nicht zugeführt, und es entsteht die Frage, wie hoch kann die Temperatur des Kesselinhaltes gewählt werden, damit die von der Maschine produzierbare Arbeit ein Maximum werde. Den gemachten Voraussetzungen gemäß kann die Temperatur der Essengase nicht niedriger als die Temperatur des Kesselinhalts sein; daher bedingt eine hohe Temperatur des Kesselinhalts eine hohe Essengastemperatur und damit einen großen Essengasverlust. Anderseits wird durch eine niedrige Dampftemperatur der Wirkungsgrad der Maschine gering. Die Frage kann, kurz gefaßt, folgendermaßen formuliert werden: Wie hoch muß die Temperatur des Kesselinhalts gewählt werden, damit die Arbeitsverluste des Kesselbetriebes das Minimum erreichen? Der Wert von t_1, welcher den Ausdruck

$$S = \frac{H}{T_0 - t_0} \left(\frac{T_0 - T_1}{t_1} + \frac{T_1 - t_0}{t_0} \right)$$

zu einem Minimum macht, ergibt sich mit

$$t_1 = T_1 = \sqrt{t_0 T_0}.$$

Die Temperatur des Kesselinhaltes soll demnach das geometrische Mittel der Verbrennungstemperatur und der Temperatur der Umgebung bilden.[1]

In dem Falle des gewählten Beispieles hat bei einer Verbrennungstemperatur von 1843° und bei einer Temperatur der Umgebung von 288° die Temperatur des Kesselinhaltes 456° und die Temperatur der abziehenden Gase 573° betragen. Die Kesselverluste machten rund 70% des Heizwertes der Kohle aus.

Der oben angegebenen Regel zufolge sollte die Temperatur des Kesselinhaltes das geometrische Mittel zwischen 1843° und 288° bilden und somit gleich 729° sein. Rechnet man für diesen Wert den Gesamtzuwachs der Entropie nach der obigen Formel aus, so erhält man $S = 13{,}78$. Die in Fig. 17 schwach gezogenen Linien gelten für diese Werte. Die Gesamtverluste des Kesselbetriebes betragen somit, trotzdem daß die Gase mit einer um 156° höheren Temperatur in den Schornstein entweichen, nur $13{,}78 \times 288 = 3970$ Kalorien oder 56,7% des Heizwertes der Kohle. Durch die zweckmäßige Wahl der Temperatur des Kesselinhaltes sind somit die Verluste um 19% ihres früheren Wertes oder um 13,3% des Heizwertes der Kohle verringert worden. Die richtige Wahl der Temperatur des Kesselinhaltes ist somit von großer Bedeutung. Da sich die Verbrennungsprodukte im allgemeinen nicht bis zur Temperatur des Kesselinhaltes abkühlen können, ist eine Modifikation der obigen Formel erforderlich. Besteht zwischen der Temperatur der Essengase und

---

[1] Dasselbe Resultat ist schon längst von Zeuner (S. 392, Technische Thermodynamik, Leipzig 1887) auf anderem Wege abgeleitet worden.

der Temperatur des Kesselinhaltes ein Unterschied von a Graden, so tritt das Minimum der Verluste bei der Temperatur t_1 ein, die der Gleichung

$$t_1 = \sqrt{t_0 \, (T_0 - a)}$$

genügt.

Die Ermittlung der zweckmäßigsten Temperatur des Kesselinhalts nach der mitgeteilten Regel scheint zunächst ohne praktische Bedeutung zu sein, weil die hier berechnete Temperatur des Wasserdampfes außerhalb der möglichen Grenze liegt. Die Regel gilt aber für alle Arten Dampfmaschinen und ist auf Maschinen, die mit hochsiedenden Substanzen arbeiten, wie sie z. B. bei den Schreberschen Mehrstoff-Dampfmaschinen vorkommen, unmittelbar anzuwenden. Eine kleine Korrektur wird sich später bei der Betrachtung der Speisewassererwärmung ergeben.

Bei Wasserdampf, der in Kesseln heute bekannter Konstruktionen erzeugt wird, ist es tatsächlich ausgeschlossen, annähernd die nach der obigen Formel ermittelte günstigste Temperatur des Kesselinhalts zu erreichen, so daß das Resultat zu der bekannten Regel zusammenschrumpft, möglichst hohe Dampfspannungen anzuwenden. Immerhin ist es von theoretischer Wichtigkeit zu wissen, daß für die Steigerung der Temperatur eine obere Grenze der Ökonomie vorhanden ist.

Der Gesamtzuwachs der Entropie des Systems, welcher infolge der Verbrennungs-, Heizungs- und Essengasverluste bei der Temperatur des Kesselinhalts $t_1 = T_1 = \sqrt{T_0 \, t_0}$ auftritt, berechnet sich nach der auf Seite 116 mitgeteilten Formel zu

$$S = \frac{2 \, H}{t_1 + t_0}.$$

Zehntes Kapitel.

Der maximale Wirkungsgrad der ganzen Anlage ergibt sich also mit

$$\eta = \frac{t_1 - t_0}{t_1 + t_0}.$$

Für eine theoretische Verbrennungstemperatur von 1843^0 bei einer Temperatur der Umgebung von 288^0 ergab sich der günstigste Wert der Temperatur des Kesselinhalts als geometrisches Mittel der beiden angegebenen Temperaturen mit 729^0. Der Wirkungsgrad der Dampfmaschinenanlage könnte dabei höchstens den Wert von

$$\eta = \frac{729 - 288}{729 + 288} = 0{,}43$$

erreichen. Da sich die Verbrennungsprodukte nicht bis zur Temperatur t_1 des Kesselhaltes an den Dampfkesselheizflächen abkühlen können, müßte der Wert des maximalen Wirkungsgrades noch weiter unter die berechnete Grenze fallen. Der Einfluß der Essengastemperatur ist am leichtesten aus der Betrachtung der Fig. 17 zu erkennen. Ist die Linie $a\,b$ den Temperaturen T_0, t_0 und t_1 entsprechend gezogen, so wird die Summe der Verluste durch die Länge der Ordinate jenes Punktes gemessen, für den die Länge der Abszisse der Essengastemperatur entspricht. Die Lage des Punktes b in Fig. 17 ist durch die beiden Temperaturen T_0 und t_0 bestimmt; die Lage des Punktes a wird durch t_0 und t_1 bestimmt; je niedriger die Temperatur des Kesselinhalts, desto höher liegt der Punkt a. Die Temperaturen des gesättigten Wasserdampfes für den Betrieb von Dampfmaschinen liegen zwischen $400-470^0$ absolut. In Fig. 17 ist der Punkt a für die Temperatur

Die vorteilhafteste Temperatur des Kesselinhalts.

$t_1 = 456$ gezeichnet; die Verluste fallen, wie ersichtlich, schon sehr groß aus.

In der Theorie kann der Speisungsverlust durch den Speisungsaufwand vollkommen gedeckt und somit vermieden werden. Der Arbeitsprozeß der Maschine müßte zu diesem Zwecke nach beendeter Expansion folgenden Verlauf nehmen. Der in einem Oberflächenkondensator auf die Abdampftemperatur abgekühlte Dampf wird durch Aufwand mechanischer Arbeit ohne weitere Abkühlung bis zur Höhe der Kesselspannung komprimiert, wobei er sich gänzlich verflüssigt, worauf das entstandene Kondensat in den Kessel zurückbefördert wird. Dieses Verfahren ist praktisch nicht durchführbar, weil der Wärmeaustausch des Dampfes mit den Gefäßwänden während der Kompression nicht hintanzuhalten ist. Auf diese Art kann somit in der Praxis der Speisungsverlust nicht beseitigt werden. Die Ersparnisse, die sich aus dem Speisungsaufwande ergeben, wenn das Speisewasser aus dem Kühlwasser des Kondensators oder aus diesem selbst oder endlich aus einem Vorwärmer, der mit Abdampf geheizt wird, bezogen wird, sind nur bei sonstiger Unvollkommenheit des Arbeitsprozesses, der das Arbeitsmedium nicht bis zur untersten Temperaturgrenze ausnützt, zu erzielen und können daher nicht als eigentliche Ersparnisse gelten, weil sie das Auftreten größerer Wärmeverluste zur Voraussetzung haben. Wenn kaltes Speisewasser aus der Umgebung von der Temperatur t_0 in den Kessel eingeführt wird, wobei dessen Erwärmung durch die Kondensation vorhandenen Dampfes bewirkt wird, so hat dieser Vorgang eine Vermehrung der Entropie des Kesselinhaltes im Betrage von

Zehntes Kapitel.

$$s = \log \text{nat} \frac{t_1}{t_0} + \frac{t_0}{t_1} - 1$$

für jedes Kilogramm Speisewasser zur Folge. Die Menge des für je 1 kg Brennstoff entfallenden Speisewassers wird durch den Quotienten der Erzeugungswärme für 1 kg Dampf in die auf den Kessel übertragene Wärme angegeben. Diese Wärmemenge beträgt mit Vernachlässigung aller Leitungs- und Strahlungsverluste

$$\frac{H}{T_0 - t_0}(T_0 - T_1) \text{ Kalorien.}$$

Daher ist der durch den Speisungsverlust hervorgebrachte Entropiezuwachs

$$S_1 = \frac{H}{T_0 - t_0} \frac{(T_0 - T_1)}{\lambda_0} (\log \text{nat} \frac{t_1}{t_0} + \frac{t_0}{t_1} - 1),$$

wenn λ_0 die Erzeugungswärme von 1 kg Dampf aus Speisewasser von $t_0{}^0$ bedeutet.

Die annäherungsweise Gültigkeit der Regnaultschen Formel erstreckt sich nur bis 194° C. oder 467° absoluter Temperatur. Die kritische Temperatur des Wassers liegt bei 364° C. oder bei 637° absoluter Temperatur, so daß von Verdampfung oberhalb dieser Grenze nicht mehr gesprochen werden kann. Für je 1000 auf den Kesselinhalt übertragene Wärmeeinheiten ergibt die obige Formel bei

$$t_1 = 288 \quad 400 \quad 500$$
$$S_1 = 0{,}00 \quad 0{,}079 \quad 0{,}194.$$

Für gleiche, auf den Dampfkesselinhalt übertragene Wärmemengen nimmt somit der Speisungsverlust mit der Temperatur des Kesselinhalts zu. Andererseits

Die vorteilhafteste Temperatur des Kesselinhalts. 125

nimmt aber die auf den Kesselinhalt übertragene Wärmemenge proportional der Höhe der Dampftemperatur ab, wenn die Essengase mit der Temperatur des Kesselinhalts abziehen. Berechnet man demnach den Gesamtentropiezuwachs nach der Formel:

$$S = \frac{H}{T_0 - t_0} \left[\frac{T_0 - T_1}{t_1} + \frac{T_1 - t_0}{t_0} + \frac{T_0 - T_1}{\lambda_0} (\log \text{nat } \frac{t_1}{t_0} + \frac{t_0}{t_1} - 1) \right]$$

so ergibt sich der Wert des Ausdruckes in der Klammer für

$t_1 =$ 288 400 500
zu $=$ 5,250 4,000 3,587.

Es zeigt sich somit auch bei Berücksichtigung des Speisungsverlustes, daß bei Wasserdampfmaschinen die Temperatur des Kesselinhalts vorteilhaft so hoch als möglich zu wählen ist.

Elftes Kapitel.

Mehrstoff-Dampfmaschinen. — Speisewasservorwärmer. — Dampfüberhitzer.

An der Hand der im vorigen Kapitel enthaltenen Übersicht über die verschiedenartigen einzelnen Arbeitsverluste, mit welchen der Dampfmaschinenbetrieb verbunden ist, läßt sich der ökonomische Wert der Anwendung von Vorwärmern, Überhitzern, Mehrfachexpansionsmaschinen, Abwärmemaschinen, Turbinen und anderer teils auch nur in Vorschlag gebrachter Verfeinerungen des modernen Dampfmaschinenbetriebes beurteilen. Jede tatsächlich erreichte ökonomische Verbesserung muß, im Verhältnis zum Arbeitsprozeß einer einfacheren Maschine betrachtet, die Verminderung eines der angeführten zahlreichen Arbeitsverluste bewirkt haben. Die Bezifferung der Verluste auf Grund der Durchrechnung des gewählten Beispieles gibt dabei einen beiläufigen Überblick über die realisierbaren Ersparnisse.

Der Entropiezuwachs des Systems, woraus der Verbrennungsverlust hervorgeht, beträgt nach den Ausführungen des vierten Kapitels

$$S = C_p \log \operatorname{nat} \frac{T_0}{t_0},$$

worin T_0 die Verbrennungstemperatur und C_p die Wärmekapazität der Verbrennungsprodukte bedeutet.

Ist G das Gewicht der Verbrennungsprodukte und c_p die spezifische Wärme bei konstantem Druck, so ist $C_p = G\, c_p$ und

$$T_0 = \frac{H}{G\, c_p} + t_0\,.$$

Alle Mittel, welche geeignet sind, die Verbrennungstemperatur zu erhöhen, bewirken eine Verminderung des Verbrennungsverlustes. Hiezu gehören die Apparate zur Regelung der Luftzufuhr, die Anwendung vorgewärmter Verbrennungsluft usw.

Der Heizungsverlust ist nach den Ausführungen des vorigen Kapitels von der Temperatur des Kesselinhalts abhängig.

Bei Wasserdampfmaschinen ist die günstigste Temperatur des Kesselinhalts nicht zu realisieren, deshalb gilt für diese die Regel, mit der höchstmöglichen Spannung zu arbeiten. Bei Mehrstoffdampfmaschinen aber ist es möglich der theoretisch günstigsten Temperatur des Kesselinhalts nahe zu kommen. Daher bewirken die Mehrstoffdampfmaschinen, wie sie von Dr. Schreber in Vorschlag gebracht wurden[1]), in erster Linie eine Verminderung des Heizungsverlustes.

Mit der Verminderung des Verbrennungsverlustes durch die Steigerung der Verbrennungstemperatur wird zugleich eine Verminderung des Essengasverlustes bewirkt, dessen Größe dem Entropiezuwachs

$$S = \frac{H}{T_0 - t_0}\left(\frac{T_1 - t_0}{t_0} - \log \mathrm{nat}\, \frac{T_1}{t_0}\right)$$

---

[1]) Dr. K. Schreber, **Die Theorie der Mehrstoff-Dampfmaschinen.** Leipzig 1903.

entspricht, worin T_1 die Temperatur der abziehenden Essengase bedeutet. Ein rationelles Mittel zur Beschränkung des Speisungsverlustes besteht in der Anwendung eines Speisewasservorwärmers, der durch die vom Dampfkessel abziehenden heißen Verbrennungsprodukte geheizt wird. Beim Betriebe des Vorwärmers kommen als Arbeitsverluste der Heizungsverlust und der Essengasverlust in Betracht. Diese beiden Verluste treten an die Stelle des Essengasverlustes der Dampfkesselanlage. Der Entropiezuwachs des Systems infolge der Heizungs- und Essengasverluste des Vorwärmers ist stets kleiner, als der Entropiezuwachs der Umgebung wäre, wenn die Essengasse unmittelbar in die Atmosphäre entwichen. Die Anwendung eines Vorwärmers bringt also nicht nur eine Reduktion des Speisungsverlustes, sondern auch eine Verminderung der Arbeitsverluste der ganzen Anlage zustande. Im Grenzfalle könnte der Speisungsverlust durch den ersparten Essengasverlust vollständig gedeckt werden, wodurch beide ganz aus der Rechnung fallen. Dann ist der durch den Vorwärmer erzielte Arbeitsgewinn gleich dem doppelten Essengasverluste der Kesselanlage. Diesem Grenzfalle würde man sich um so mehr nähern, je höher die Essengastemperatur der Kesselanlage und je höher somit auch die Dampftemperatur im Kessel ist. Die zur Verdampfung des Wassers verfügbare Wärmemenge und deshalb auch die im Kessel erzeugte Dampfmenge würde immer geringer und der Arbeitsprozeß der Dampfmaschine ginge schließlich in den Arbeitsprozeß einer Heißwassermaschine über, wobei die von den Verbrennungsprodukten abgegebene Wärme nur zur Erwärmung des Wassers dient, dessen teilweise Verdampfung im Arbeitszylinder der Maschine vor sich geht. Immerhin ist von einigen Forschern diese Grenze als Ausgangspunkt für die Beurteilung des Wirkungsgrades der Dampfmaschinen ebensowohl wie für andere Wärmekraftmaschinen angesehen worden, da sie der maximalen Arbeitsfähigkeit der Verbrennungsprodukte nach Abzug des Verbrennungsverlustes gleichkommt. Schließt man sich dieser Anschauung an, so hat man den Wirkungsgrad nicht aus dem Verhältnisse der Arbeitsleistung zum Heizwerte des Brennstoffes, sondern nach dem Verhältnisse der Arbeitsleistung zu dem um den Verbrennungsverlust verminderten Heizwert des Brennstoffes zu berechnen.

Wenn sich die von der Heizfläche des Dampfkessels abziehenden Verbrennungsprodukte an der Heizfläche des Vorwärmers noch um $T_1 - T_2$ Grad abkühlen, während sich das in den Vorwärmer eingeführte Speisewasser um $t_2 - t_0$ Grad erwärmt, so beträgt der Entropiezuwachs des Systems infolge des Heizungsverlustes

$$M \log \text{nat} \frac{t_2}{t_0} - \frac{H}{T_0 - t_0} \log \text{nat} \frac{T_1}{T_2},$$

worin M die auf 1 kg Brennstoff entfallende Speisewassermenge bedeutet.

Der Entropiezuwachs infolge des verbleibenden Essengasverlustes des Vorwärmers beträgt

$$\frac{H}{T_0 - t_0} \left(\frac{T_2 - t_0}{t_0} - \log \text{nat} \frac{T_2}{t_0} \right) \text{Entropieeinheiten}.$$

Bei der Erwärmung des Speisewassers von der Temperatur t_2 auf die Temperatur t_1 des Kesselinhaltes findet ein Entropiezuwachs statt im Betrage von

$M \left(\log \text{nat } \dfrac{t_1}{t_2} + \dfrac{t_2}{t_1} - 1\right)$ Entropieeinheiten.

Zu diesen drei Zuwachsbeträgen kommen noch $\dfrac{H}{T_0 - t_0} \dfrac{(T_0 - T_1)}{t_1}$ Entropieeinheiten für den Verbrennungs- und Heizungsverlust der Kesselanlage hinzu. Berücksichtigt man nun, daß

$$M = \dfrac{H}{T_0 - t_0} \dfrac{(T_0 - T_2)}{\lambda_0}$$

ist, so ergibt sich als Gesamtentropiezuwachs:

$$S = \dfrac{H}{T_0 - t_0} \left[\dfrac{T_0 - T_2}{t_1} + \dfrac{T_2 - t_0}{t_0} + \dfrac{T_0 - T_2}{\lambda_0} \left(\log \text{nat } \dfrac{t_1}{t_0} + \dfrac{t_0}{t_1} - 1\right) \right].$$

In den ersten zwei Gliedern des Klammerausdruckes kommt der ganze Verbrennungsverlust, ferner im ersten Gliede der Heizungsverlust des Dampfkessels und ein Teil des Heizungsverlustes des Vorwärmers zum Ausdruck; das zweite Glied enthält außerdem den Essengasverlust des Vorwärmers. Im dritten Gliede kommt der Einfluß der Temperatur des Speisewassers zum Ausdruck. Der maximale Wirkungsgrad einer Dampfmaschinenanlage unter Berücksichtigung des Verbrennungs-, Heizungs-, Speisungs- und Essengasverlustes ergibt sich demnach zu

$$\eta = 1 - \dfrac{t_0}{T_0 - t_0} \left[\dfrac{T_0 - T_2}{t_1} + \dfrac{T_2 - t_0}{t_0} + \dfrac{T_0 - T_2}{\lambda_0} \left(\log \text{nat } \dfrac{t_1}{t_0} + \dfrac{t_0}{t_1} - 1\right) \right].$$

Durch Vorwärmer oder Economiser, in denen das Speisewasser durch die Wärme der vom Dampfkessel abziehenden Rauchgase erwärmt wird, wird somit eine Verminderung des Speisungsverlustes und zugleich auch des Essengasverlustes bewirkt.

Der Drosselverlust fällt bei Dampfmaschinenanlagen um so geringer aus, je größer der Querschnitt der Dampfwege im Verhältnis zu ihrer Länge ist. Dort, wo Maschine und Kessel zu einem Aggregat wie bei Lokomobilen, vereinigt sind, sind die Drosselverluste am geringsten.

Der Abkühlungsverlust und der Rückströmungsverlust sind Folgen des Initialverlustes; wenn kein Initialverlust stattfände, könnten auch keine Abkühlungs- und Rückströmungsverluste auftreten. Das rationellste Mittel zur Beschränkung des Initialverlustes besteht in der Anwendung überhitzten Dampfes zum Betrieb der Maschine. Die Dampfüberhitzung bewirkt außerdem in geringem Maße eine Verminderung des Heizungsverlustes und des Speisungsverlustes bei der Dampferzeugung. Allerdings hat der Betrieb eines Überhitzers ebenso wie der Betrieb des Dampfkessels und der Betrieb des Vorwärmers einen entsprechenden Heizungsverlust im Gefolge. Wenn aber ein Teil der von den Verbrennungsprodukten abgegebenen Wärme zur Überhitzung des erzeugten Dampfes verwendet wird, so ist die im Dampfkessel verdampfte Wassermenge kleiner, als wenn der Überhitzer nicht vorhanden wäre. Daher fällt sowohl der Heizungsverlust des Kessels wie der Speisungsverlust entsprechend geringer aus. Der maximale Wirkungsgrad einer Dampfmaschinenanlage ohne Überhitzung ist auf Seite 130 durch folgenden Ausdruck angegeben worden:

$$\eta = 1 - \frac{t_0}{T_0 - t_0}\left[\frac{T_0 - T_2}{t_1} + \frac{T_2 - t_0}{t_0} + \right.$$
$$\left. + \frac{T_0 - T_2}{\lambda_0}\left(\log \text{nat}\, \frac{t_1}{t_0} + \frac{t_0}{t_1} - 1\right)\right].$$

Bedeutet nun t_3 die Temperatur des überhitzten Dampfes, so daß $t_3 - t_1 = \triangle$ die Temperaturerhöhung des Dampfes im Überhitzer vorstellt, so ist zunächst wegen der Reduktion des Speisungsverlustes im dritten Gliede des obigen Klammerausdruckes anstatt $\dfrac{T_0 - T_2}{\lambda_0}$ zu setzen $\dfrac{T_0 - T_2}{\lambda_0 + c_p\,\triangle}$, worin c_p die spezifische Wärme des überhitzten Dampfes bedeutet. Der Entropiezuwachs des Dampfes im Überhitzer beträgt für 1 kg Dampf $c_p \log \text{nat}\,\dfrac{t_3}{t_1}$ Entropieeinheiten, hingegen reduziert sich der Entropiezuwachs des Dampfkesselinhaltes infolge des Heizungsverlustes für 1 kg überhitzten Dampfes um $c_p\,\dfrac{t_3 - t_1}{t_1}$ Entropieeinheiten. Demgemäß lautet das dritte Glied des Klammerausdruckes für eine Dampfmaschinenanlage mit Überhitzer:

$$\frac{T_0 - T_2}{\lambda_0 + c_p\,\triangle}\left(\log \text{nat}\,\frac{t_1}{t_0} + \frac{t_0}{t_1} - 1 + \right.$$
$$\left. + c_p \log.\text{nat}\,\frac{t_1 + \triangle}{t_1} - c_p\,\frac{\triangle}{t_1}\right).$$

Die Durchrechnung einiger Fälle unter verschiedenen Annahmen für t_1 und $\triangle$ zeigt bald, daß der

Einfluß der Temperatur des gesättigten Dampfes t_1 innerhalb der realisierbaren Grenzen viel bedeutender als der Einfluß der Überhitzung auf die Verminderung des Heizungs- und Speisungsverlustes der Dampfmaschinenanlage ist. Der Zweck eines Überhitzers liegt auch gar nicht in der Verminderung der Heizungs- und Speisungsverluste, sondern in der Verminderung des Initialverlustes. Aus der Betrachtung von Temperatur-Entropie-Diagrammen, welche nur die Zustände des Arbeitsmittels im Dampfzylinder darstellen, sind die Vorteile der Anwendung überhitzten Dampfes nicht ohne weiteres zu ersehen. Hiezu ist es notwendig die Entropie-Diagramme der anderen Bestandteile des Systems, insbesondere das Diagramm der Zylinderwand, wenigstens in Gedanken hinzuzufügen. Erst dann wird es deutlich, daß der Entropiezuwachs des Systems bei der Anwendung überhitzten Dampfes tatsächlich geringer als bei der Anwendung gesättigten Dampfes ist.

Zwölftes Kapitel.

Die Heizung der Zylinderwände. — Die Dampfturbinen. — Der Rateausche Wärmespeicher. — Abwärme-Kraftmaschinen.

Der Abkühlungsverlust und der Rückströmungsverlust bedingen sich gegenseitig. Wenn während der Expansionsperiode vollständige Rückströmung der von der Zylinderwand bei der Initialkondensation aufgenommenen Wärme in den expandierenden Dampfkörper stattfinden könnte, träte weder ein Abkühlungsverlust noch ein Rückströmungsverlust ein. Findet hingegen während der Expansionsperiode gar keine Rückströmung der Wärme in den Dampfkörper statt, so tritt später das Maximum des Abkühlungsverlustes auf. Dieses Maximum wird bei teilweiser Rückströmung von der Summe der Abkühlungs- und Rückströmungsverluste nicht erreicht.

Der Vorteil der Anwendung stufenweiser Expansion in mehreren Zylindern beruht der Hauptsache nach in der Verminderung der Abkühlungsverluste. Bei einer Zweizylinder-Verbundmaschine finden Initialverluste im Hochdruckzylinder und im Niederdruckzylinder statt, hingegen wird der aus der Initialkondensation des Hochdruckzylinders hervorgehende Abkühlungsverlust ebenso wie der Rückströmungsverlust sehr gering.

Die Anwendung eines Dampfmantels bei Dampfmaschinen, die mit gesättigtem Dampf arbeiten, bewirkt in erster Linie eine Verminderung des Initialverlustes und damit indirekt eine Verminderung der Abkühlungs- und Rückströmungsverluste. Hingegen ist mit dem Betrieb der Mantelheizung ein Heizungsverlust verbunden, der unter Umständen, wegen der schädlichen Wirkung des Dampfmantels während der Ausströmungsperiode, den mit der Verminderung des Initialverlustes herbeigeführten Gewinn illusorisch macht. Bekanntlich hat sich die Benutzung des Dampfmantels nicht in allen Fällen bewährt. Wenn die Mantelheizung nicht bewirken kann, die Temperatur der Zylinderwandung, mit welcher der beim Hubwechsel neu eintretende Dampf in Berührung kommt, auf eine wesentlich höhere Temperatur zu erwärmen, als der Spannung des abströmenden Dampfes entspricht, so wird ihr Einfluß gleich Null oder geradezu nachteilig. Die Nachteile kommen insbesondere dann zur Geltung, wenn der abströmende Dampf keiner weiteren Expansion in einem folgenden Zylinder zugeführt wird, sondern, wie bei Einzylindermaschinen, direkt in den Kondensator oder in die Atmosphäre abströmt. Die Erwärmung der Zylinderwand über die Temperatur, welche der Spannung des abströmenden Dampfes entspricht, kann aber nur dann gelingen, wenn die Wandungen vollkommen trocken sind. Zur Wiederverdampfung des durch die Initialkondensation niedergeschlagenen Wassers bedürfte man eines Dampfmantels nicht, denn die bei eben dieser Kondensation auf die Wände übertragene Wärme reicht vollkommen aus, bei sinkendem Dampfdruck die Verdampfung zu bewerkstelligen. Indem aber der Dampfmantel bewirkt, daß diese Verdampfung noch rechtzeitig während des Arbeitshubes geschieht, erfüllt er nur einen Teil seiner Aufgabe. Indem er die Temperatur der trockenen Zylinderwand hierauf in die Höhe treibt, beschränkt er das Maß der Initialkondensation überhaupt. Die Größe der Initialkondensation ist jedenfalls von der Temperaturdifferenz zwischen der Zylinderwandung und dem einströmenden Dampf während der Admission abhängig. Reicht die vom Dampfmantel übertragene Wärme nicht aus, um das vom Frischdampf mitgerissene Wasser und das aus der Kondensation bei der Expansion entstehende Wasser zu verdampfen, so bleiben die Zylinderwände dauernd vom Wasser benetzt, und ihre Temperatur kann niemals die der Dampfspannung entsprechende Höhe überschreiten. Die Wirkung des Dampfmantels ist alsdann von gar keinem Vorteile begleitet. Der Zweck der Mantelheizung besteht viel weniger in einer Übertragung der Wärme auf den Inhalt als auf die Wandungen des Dampfzylinders. Dabei ist unter Wandung nicht die volle Materialstärke des Zyinders, sondern dessen innerste Schichten gemeint, denn es kommt auf die Temperaturen der Oberflächen an, die dem einströmenden Dampf im Verlaufe der Einströmung und während des Expansionsbeginnes dargeboten werden.

Ein Vorteil der Mantelheizung ergibt sich somit nur dann, wenn sie eine wesentliche Erwärmung dieser Schichten bewirken kann. Das Ausmaß des Wärmeaustausches zwischen Dampf und Zylinderwand kann bei jedem genau geführten Versuche annähernd genau festgestellt werden. Dieses Ausmaß ist beiläufig der Differenz der Wärmewerte des mit jedem Hub in die Maschine beförderten und des vom Indikator zu Ende der Füllungsperiode angezeigten Dampfes gleich. Der

Die Heizung der Zylinderwände.

Kompressionsinhalt ist dabei sinngemäß zu berücksichtigen. Diese Differenz gibt ein relatives Maß für die Temperaturdifferenz zwischen dem einströmenden Dampf und der dargebotenen Zylinderwand an. Man wird immerhin schließen dürfen, daß die Zylinderwandung um so heißer war, je geringer bei gleicher oder höherer Admissionstemperatur der Wärmeaustausch zwischen Dampf und Zylinderwand ausfiel. Bei den Versuchen, die die Herren Prof. Schröter und Dr. Koob an der bekannten van den Kerchoveschen Maschine ausführten, die einen durch strömenden Dampf geheizten Mantel besaß, betrug der Wärmeaustausch zwischen Dampf und Zylinderwand während der Einströmung bei gesättigtem Dampf von 180^0 ungefähr 75 Kalorien pro Kilogramm Dampf und bei überhitztem Dampf von 260^0 nur ungefähr 40 Kalorien pro Kilogramm Dampf, bei überhitztem Dampf von 350^0 nur 53 Kalorien pro Kilogramm Dampf. Berücksichtigt man die Füllungsverhältnisse und Dampfverbrauchsziffern, so geht zunächst daraus hervor, daß der Wärmeaustausch zwischen Zylinderwand und Dampf bei überhitztem Dampf ein geringerer als bei gesättigtem Dampf war, und es ist zu vermuten, daß die Zylinderwandungen, wozu auch die Deckelflächen und die sonstigen Begrenzungen des schädlichen Raumes gehören, bei Beginn der Admission sehr wesentlich wärmer als beim Betriebe mit gesättigtem Dampf waren.

Auch wenn die Zylinder nicht besonders geheizt sind, fließt den inneren Wandungen, die zeitweilig benetzt sind, Wärme durch Leitung des Materiales aus den vom Frischdampf dauernd berührten Oberflächen des Gußkörpers zu. Diese Wärme bewirkt bei trockener

Wandung ebensogut eine Steigerung der Wandtemperatur, wie sie die Mantelheizung vermag. Die Frage nach der Wirksamkeit eines Dampfmantels kommt sonach auf eine Bestimmung der mittleren Temperaturen der innersten Schichten hinaus. Kann diese Temperatur durch Anwendung eines Dampfmantels nicht so wesentlich gesteigert werden, daß die Beschränkung des Initialverlustes die vermehrten Leitungs- und Strahlungsverluste überwiegt, so ist die Verwendung des Dampfmantels nicht nur zwecklos, sondern geradezu nachteilig. Genauere Einsicht in diese Verhältnisse ist von Versuchen zu erwarten, bei denen neben der Feststellung des Dampfverbrauches und der Abnahme von Dampfdiagrammen auch die Temperaturen der Zylinderwandungen gemessen werden. Die Praxis hat sich indessen mehr und mehr dafür entschieden, bei Maschinen, die mit überhitztem Dampf betrieben werden, den Dampfmantel wegzulassen.

Unter Zwischenüberhitzung versteht man eine Einrichtung, durch welche der aus dem Hochdruckzylinder in den Niederdruckzylinder überströmende Dampf vom Frischdampf erwärmt wird, der zum Hochdruckzylinder strömt. Die hierdurch erzielte Beschränkung der Initialkondensation im Niederdruckzylinder kann hiebei so beträchtlich sein, daß der mit dieser Erwärmung verbundene Heizungsverlust dagegen nicht in die Wagschale fällt. Der Vorteil der Anwendung eines Dampfmantels und der Zwischenüberhitzung hängt somit davon ab, ob der mit der Anwendung dieser Einrichtungen verbundene Heizungsverlust größer oder kleiner als die bewirkte Verminderung des Initialverlustes ausfällt.

Die Dampfturbinen. 139

Bei den Dampfmaschinen nach dem System Duchesne dient ein besonderer Dampfkessel zur Erzeugung des Manteldampfes, dessen Spannung wesentlich höher, als die Spannung des im Hauptkessel erzeugten Arbeitsdampfes der Maschine ist.[1]) Der Expansionsverlust fällt um so geringer aus, je weiter die Expansion des Dampfes in der Maschine arbeitsverrichtend ausgedehnt wird. Das Auftreten von Expansionsverlusten bei Kolbendampfmaschinen ist in deren Indikatordiagrammen an dem plötzlichen Druckabfall zu Ende der Expansionsperiode kenntlich. Bei den Dampfturbinen äußert sich der Expansionsverlust in der großen Geschwindigkeit, mit welcher der Abdampf aus der Turbine strömt. Aus den Gründen, welche auf Seite 98 besprochen wurden, findet bei den Kolbendampfmaschinen in der Regel ein ziemlich beträchtlicher Expansionsverlust statt. Bei den Dampfturbinen geschieht die Expansion des Dampfes entweder nur in den Düsen und Leitschaufeln (Aktionsturbinen), oder sie geht sowohl in den Leitapparaten wie in den Laufrädern vor sich (Reaktionsturbinen). Eine Reaktionsturbine mit ihren zahlreichen Leitkränzen und Laufrädern ist hinsichtlich der stattfindenden Expansion des Dampfes wie eine einzige komplizierte Düse mit drehbaren Bestandteilen zu betrachten, deren eines Ende mit dem Dampfkessel kommuniziert, während das andere Ende mit der äußeren Atmosphäre (Auspuffturbine) oder mit dem Kondensator in Verbindung steht. An

---

[1]) G. Duchesne, Un système d'enveloppe particulièrement efficace Mémoire présenté au Congrès International de Mines etc. à Liège 1905.

140 Zwölftes Kapitel.

diesem Ende herrscht somit immer die der Luftleere des Kondensators oder die dem Druck der Atmosphäre entsprechende Spannung. Bei normaler Geschwindigkeit der richtig konstruierten Turbine und bei gegebener Spannung im Kondensator kann die Spannung des Dampfes beim Eintritt in die Turbine eine ganz bestimmte Höhe nicht überschreiten. Ist die Dampfspannung höher, so muß die Turbine entweder mit größerer Geschwindigkeit laufen, oder es stellt sich beim Eintritt in die Düse automatisch ein entsprechender Drosselverlust ein. Ist die Dampfspannung hingegen niedriger, so läuft die Turbine entweder langsamer oder mit großen Reibungsverlusten in den Rädern. Nur bei der der Maximalleistung entsprechenden, vorteilhaftesten Ganggeschwindigkeit können die besten ökonomischen Effekte von Dampfturbinen erzielt werden.

Die Möglichkeit, die Expansionsverluste bei Dampfturbinen auf ein sehr geringes Maß herabzudrücken, macht diese Maschinen als Mittel geeignet, in ihrer Kombination mit Kolbendampfmaschinen auch die Kondensations- und Abwärmeverluste sehr zu beschränken. So ist es mit Hilfe des Rateauschen Wärmespeichers gelungen, den Auspuffdampf intermittierend arbeitender Maschinen (Fördermaschinen, Walzenzugmaschinen) noch in einer Turbine sehr vorteilhaft zu verwerten.[1] Diese Wärmespeicher bestehen aus großen Blechgefäßen, in denen eiserne, mit Wasser und Eisenstücken gefüllte

---

[1] Der Dampfakkumulator System Rateau, Zeitschrift der Dampfkesseluntersuchungs- und Versicherungs-Gesellschaft Wien 1901, auch Josse, Neuere Wärmekraftmaschinen, München und Berlin 1905.

Schalen so montiert sind, daß sie dem einströmenden Abdampf der Kolbenmaschinen große Oberflächen darbieten, an denen sich der Dampf niederschlagen und seine Wärme an die Wasser- und Eisenmassen abgeben kann. Diese aufgespeicherte Wärme dient, bei Unterbrechung oder Verzögerung des Zuflusses, zur Wiederverdampfung des Wassers unter dem geringeren Druck, unter dem der Akkumulator mit der daran angeschlossenen und mit Kondensation versehenen Dampfturbine steht.

Als ein anderes Mittel zur Beschränkung der Kondensations- und Abwärmeverluste sind die Abwärme-Kraftmaschinen zu betrachten, wie sie von Herrn Professor Josse und den Herren Behrend und Zimmermann angegeben und ausgeführt worden sind.[1]) Diese Maschinen benützen die Wärme des Abdampfes einer Wasserdampf-Maschine zur Verdampfung einer anderen Arbeitssubstanz (Schweflige Säure), deren Dämpfe bei niedriger Temperatur hohe Spannung besitzen. Diese Dämpfe werden hierauf in einem besonderen Zylinder arbeitsverrichtend expandiert.

Außer den hier in Betracht gezogenen Arbeitsverlusten treten beim Dampfmaschinenbetrieb noch zahlreiche andere Verluste auf. Insbesondere sind alle Leitungs- und Strahlungsverluste unbeachtet geblieben, die durch den Wärmeaustausch zwischen der Feuerungs- und Kesselanlage, den Dampfleitungen, der Dampfmaschine u. s. w. einerseits und der Umgebung andererseits hervorgebracht werden. Bei der Aufstellung der

---

[1]) Siehe Josse, Neuere Wärmekraftmaschinen, München und Berlin 1905.

Zwölftes Kapitel.

Wärmebilanzen praktischer Versuche ergeben sich diese Verluste als Differenzen der von einem Körper des Systems abgegebenen und von einem zweiten Körper des Systems aufgenommenen Wärmemengen. Diese Fehlbeträge entsprechen Wärmemengen, die mittelbar oder unmittelbar schließlich in die Umgebung abfließen. Für jeden solchen Wärmeverlust muß ein entsprechender Arbeitsverlust in die Rechnung gestellt werden. Verliert ein Körper im Verlauf seiner Zustandsänderung, die mit einem Temperaturabfall von T_1 auf T_2 Grade absoluter Temperatur verbunden ist, eine Wärmemenge im Betrage von W Kalorien durch Leitung und Strahlung an die Umgebung von der Temperatur t_0, so beträgt der entsprechende Arbeitsverlust

$$V = W - \frac{W\,t_0}{T_1 - T_2} \log\text{nat}\,\frac{T_1}{T_2}\ \text{Kalorien.}$$

Der Entropiezuwachs des Systems infolge dieses Wärmeverlustes beträgt

$$S = \frac{W}{t_0} - \frac{W}{T_1 - T_2} \log\text{nat}\,\frac{T_1}{T_2}.$$

So führt jeder Vorgang zu einem Entropiezuwachs der Körper, die ihre Zustände verändern, entsprechend der Clausiusschen Formulierung des zweiten Hauptsatzes: „Die Entropie der Welt strebt einem Maximum zu."

Namen- und Sachregister.

Abkühlungsverlust 109, 131.
Absolute Temperatur 7.
Abwärme-Kraftmaschinen 141.
Abwärmeverlust 112.
Adiabatische Zustandsänderungen 23.
Aktionsturbinen 83, 139.
Arbeitswert 45.
Behrend 141.
Boulvin VI.
Callendar 79.
Carnot 5, 7, 38, 42, 118.
Clausius 29, 142.
Connert 77.
Dampfakkumulator 140.
Dampfmantel 134.
Dampftabelle 78.
Dampfturbinen 83, 97, 139.
Dampfüberhitzer 81, 131.
Drosselverlust 83, 131.
Duchesne 139.
Economiser 131.
Einspritzkondensator 101.
Energie 2.
Entropie 16, 29.
Entzündungsaufwand 49.
Entzündungsverlust 48.
Fliegner 77.
Flüssigkeitswärme 78.

Fördermaschinen 140.
Gouy 49.
Graphische Dampftafel 76.
Heißwassermaschine 128.
Heizungsverlust 55.
Heizwert 3, 10.
Initialverlust 86.
Isothermische Zustandsänderungen 25.
Josse 140, 141.
Jouguet 48.
Joule 7.
Kalorimeter 10.
Kerchove, van den 137.
Kondensationsverlust 111.
Koob 137.
Lodge VII.
Mehrstoff-Dampfmaschinen 121, 127.
Mollier VI, 79.
Normalzustand 2, 17.
Oberflächenkondensator 101.
Planck VII.
Poincaré VII.
Rateau 140.
Reaktionsturbinen 139.
Regnault 78, 124.
Reibungsverlust 83.
Rückströmungsverlust 94, 131.

Schornsteinwirkung 51.
Schreber 121, 127.
Schröter 137.
Speisewasservorwärmer 128.
Speisungsaufwand 70.
Speisungsverlust 65.
Swinburne VII, 16.
Temperatur 7.
Thomson 7.
Turbinen 83, 97, 139.
Ueberhitzer 81, 131.
Umkehrbare Prozesse 21.
Verbrennungsvorgang 9, 33.

Verbrennungsverlust 44.
Verbundmaschinen 134.
Verdampfungswärme 87.
Vorwärmer 128.
Wärmekapazität 13.
Wärmemengendiagramm 12.
Wärmespeicher 140.
Walzenzugmaschinen 140.
Wirkungsgrad 7.
Zeuner 45, 120.
Zimmermann 141.
Zustandskennzeichen 16.
Zwischenüberhitzung 138.

MIX
Papier aus verantwortungsvollen Quellen
Paper from responsible sources
FSC® C105338

If you have any concerns about our products,
you can contact us on
ProductSafety@springernature.com

In case Publisher is established outside the EU,
the EU authorized representative is:
**Springer Nature Customer Service Center GmbH
Europaplatz 3, 69115 Heidelberg, Germany**

Printed by Libri Plureos GmbH
in Hamburg, Germany